JN114634

美ら海トワイライトゾーン
知られざる深海生物のワンダーランド

執筆・監修：佐藤圭一　一般財団法人沖縄美ら島財団
執筆：沖縄美ら海水族館　深海展示チーム　一般財団法人沖縄美ら島財団

産業編集センター

まえがき

沖縄の海には、とてつもなく広く、深く、我々が知らない未知の領域が広がっている。特に、深海は地球上に残された最後のフロンティアであり、その最深部まで到達することは、宇宙へ旅行に行くことよりも困難をともなう。沖縄美ら海水族館のメイン水槽である「黒潮の海」のその先では、沖縄の深海への入口となる「トワイライトゾーン」の生物が生態展示され、人々を深海への旅へと誘う。

そもそも海のトワイライトゾーンとは、科学的に境界が引かれた領域ではなく、海洋表面に差し込む太陽光が次第に暗くなっていく弱光層を意味する。沖縄の海はとりわけ透明度が高く、表層からかなりの深さまで光が届いていることが肉眼でも十分に感じとれる。通常、本州付近であれば水深100mも潜ると真っ暗になってしまうが、透明度の高い沖縄の海では、弱いながらも短波長のブルーライトが海底に差し込み、まさに紺碧のトワイライトゾーンの世界が広がる。

トワイライトゾーンに広がるサンゴ礁が作り出した複雑な海底地形は、大規模な底引き網などの漁業の展開を妨げ、貧栄養の海水は生物資源に乏しい環境を作り出し、人が潜水できない深度は私たちの調査活動すら寄せ付けない。しかし、その厳しい環境条件こそが手つかずの「美ら海トワイライトゾーン」が残された理由だ。

無人潜水艇が映し出した光景は、私たちが想像すらしなかった、色とりどりの美しい命が人知れず息づく、多様な未発見の生物たちの宝庫だった。「こんな身近に、名もなき生物たちの楽園が存在するなど、私たち専門家ですらその存在を完全には知り得ていない」、これは沖縄の深海を800回以上調査し、920種の生物を見つけ出してきた沖縄美ら海水族館のスタッフが、本書の読者に伝えたかった心からのメッセージだ。

本書は、トワイライトゾーンに生きる小さな動物たちの形態や生き様を、飼育員でなければ撮影できない視点でとらえた貴重な画像とともに紹介する、今までになかった「美ら海本」である。沖縄のトワイライトゾーンへの旅は、およそ水深100mの海底を出発点として、水深500m以深の海へと続いていく。また、普段見ることができない裏側や野外での飼育員の活動の一端は、コラムという形でまとめた。ここにはジンベエザメもマンタも出てこないが、沖縄美ら海水族館の信念と技術力が凝縮された渾身の一冊である。

本書を通して、沖縄美ら海水族館の強い信念とあくなき探求心を感じていただけるよう切に願っている。

著者・監修者を代表して

佐藤　圭一

目次

およそ水深300m――173

およそ水深400m――223

およそ水深500m〜――243

およそ水深 100m

ヒラボウズボヤ

学　名：*Diazona chinensis*

英　名：—

沖縄名：—

沖縄周辺の水深90m付近で発見された大型のホヤで、その高さは20cmを超える。体の下端部は、植物の根のような形状をしており、砂などが絡みやすいつくりになっている。体表には、無性生殖により発芽した個体（個虫“こちゅう”）が密集し、群体を形成している。

チュウガタハダカゾウクラゲ

学　名：*Pterotrachea hippocampus*

英　名：Sea elephant

沖縄名：—

海の中を浮遊する貝の仲間だが、成体は貝殻を持たない。ゾウの鼻のように長い吻が特徴で、吻先の口で餌を捕らえる。サイズの大きな餌であっても歯舌を使って少しずつ摂餌し、透明な体が餌で満たされる様子が食道を介して確認できる。透明な体は飼育員の目をくらますほど濁りなく、そして美しい。

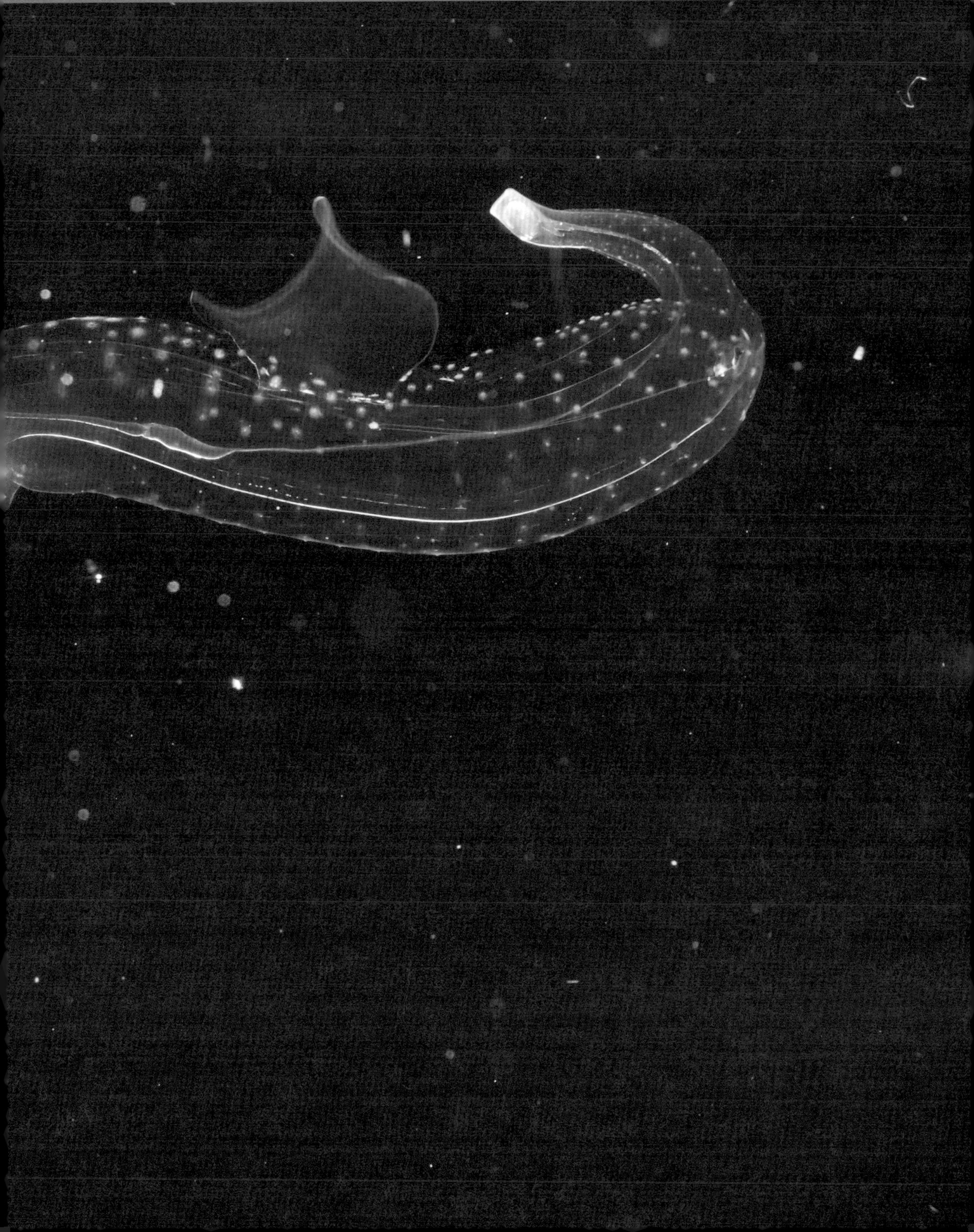

ムギワラエビ

学　名：*Chirostylus dolichopus*
英　名：Deep sea squat lobster
沖縄名：—

体から放射状に細いムギワラのような脚が確認できる。脚には細かい毛が生えており、潮通しの良いところにつかまり、流れてくる懸濁物などを毛で捕らえ、ハサミ脚で集めて捕食する。名前にエビと付くが、エビではなくコシオリエビやヤドカリの仲間。

イレズミアマダイ

学　名：*Opistognathus decorus*
英　名：Tattoo jawfish
沖縄名：―

国内では琉球列島にのみ生息しているアゴアマダイの仲間（通称：ジョーフィッシュ）。大きな口を使って、サンゴ礫や砂を上手に運んで巣穴を作る様子が観察されている。とても警戒心が強く、光の刺激や人の気配で、巣にこもってしまうことがある。黄色い体に青紫色の縞模様がとても美しい。

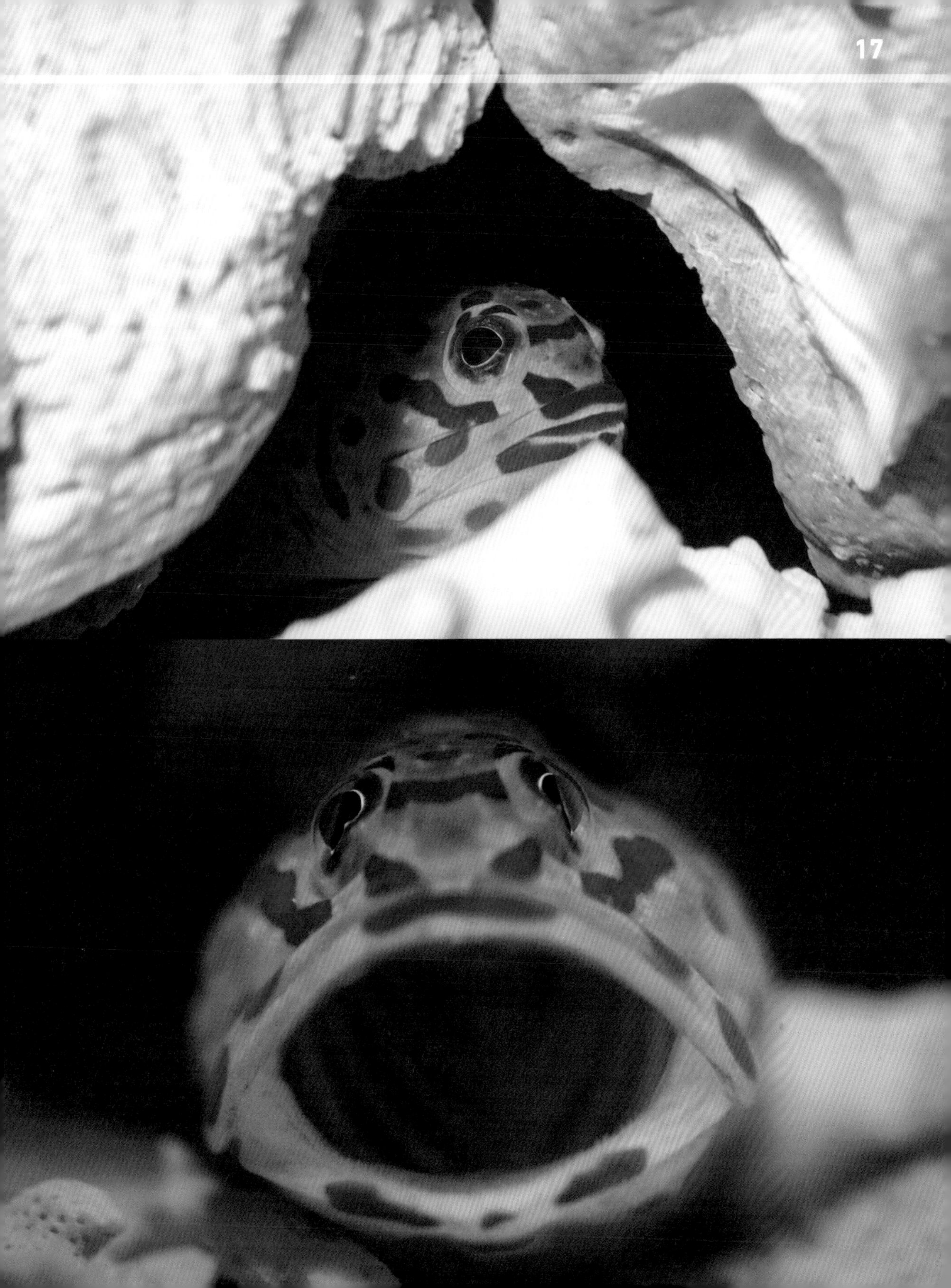

エナガトサカ

学　名：*Pacifiphyton bollandi*
英　名：Slender-stalked soft coral
沖縄名：—

全長の9割を占める長い柄部の先に、精巧なつくりをした多数のポリプを持つ。柄部は長い時間をかけて形成されるため、しばしば海綿動物や他の刺胞動物にその表面を覆われる。

ポリプが閉じている状態（上）と開いている状態（下）

サバチテナガカクレエビ

学　名：*Cuapetes nilandensis*

英　名：──

沖縄名：──

サンゴの仲間であるウミカラマツ類の枝間に隠れ棲む。高さ45cm程度のウミカラマツ類1本に、幼若個体から抱卵個体ま

ホシベニサンゴガニ

学　名：*Quadrella maculosa*

英　名：—

沖縄名：—

ウミカラマツ類などの枝間の奥深くに隠れ潜む。甲らの幅が1cm程度の小型のカニで、歩脚や甲の色彩は、あたかもウミカラマツのようである。甲背面には、1対の三日月模様が美しく輝く。浅場に棲むサンゴガニ類では、宿主であるサンゴと相利共生の関係にあることが知られているが、深場の種については知見が無い。

ミヤコベラ

学　名：*Choerodon robustus*
英　名：Robust tuskfish
沖縄名：—

砂地に生息するベラの仲間。オレンジ色の体に斜めに入る白い帯模様が特徴。下顎の歯は外側に向いており、一見怖くもみえるが性格は穏やかで、槽内をゆっくりと遊泳する様子が観察される。

クロボヤ属の一種

学　名：*Polycarpa clavata*

英　名：—

沖縄名：—

ホヤの仲間。大きく開いている口のような「入水孔」で海水を取り込んで懸濁物を濾しとる。サンゴの仲間などに付着し、動きが少ないように見えるが、脱皮後に出水孔から海水を送り出して水中を泳ぎ、付着場所を移動する。

ナシクチコケムシ上科の一種

学　名：Mamilloporoidea sp.

英　名：—

沖縄名：—

「植物の双葉」のように見えるが、コケムシの仲間でれっきとした動物である。コケムシは特徴的な形をしており、モミジの葉や、とあるスナック菓子のような形の種もある。本種は個虫が集まって形成された双葉のようなところにある触手冠で餌を捕らえる。餌を捕らえやすいように半透明の特殊な個虫が体を支え、潮の流れに乗ってきた有機物を待ち構える。

リュウグウサクラヒトデ

学　名：*Astrosarkus idipi*
英　名：Deep sea cherry blossom starfish
沖縄名：—

世界でも数個体しか発見されていない幻の巨大ヒトデ。体の硬さを変えることで様々な姿・形になるため、岩礁のくぼみなど狭い場所にも潜りこむことができる。和名「リュウグウサクラヒトデ」は、その美しい姿が竜宮城に咲く美しい桜を想起させることから提唱された。

ヒメイトヨリ

学　名：*Nemipterus zysron*
英　名：Slender threadfin bream
沖縄名：—

砂地に生息するイトヨリダイの仲間で小型種。青いライトを照射すると眼の下の黄色いラインが強く蛍光する。まるで光るヒゲのようだ。

ソコイトヨリ

学　名：*Nemipterus bathybius*
英　名：Yellowbelly threadfin bream
沖縄名：—

砂地に生息するイトヨリダイの仲間。キラキラした鱗は光を反射しやすく、さらに腹部には黄色く蛍光するラインがあり、海底付近ではとても目立つはずだ。砂地で輝く体はどんな生態的機能があるのだろうか。

イトタマガシラ

学　名：*Pentapodus nagasakiensis*
英　名：Japanese whiptail
沖縄名：——

イトヨリダイの仲間で岩礁域に群れで暮らす小型種。イトヨリダイの仲間の多くは青い光によって体が蛍光するが、本種は眼が黄色く蛍光する。一般的に眼を隠す魚は多く知られているが、眼を目立たせる種はほとんど例が無いと思われる。

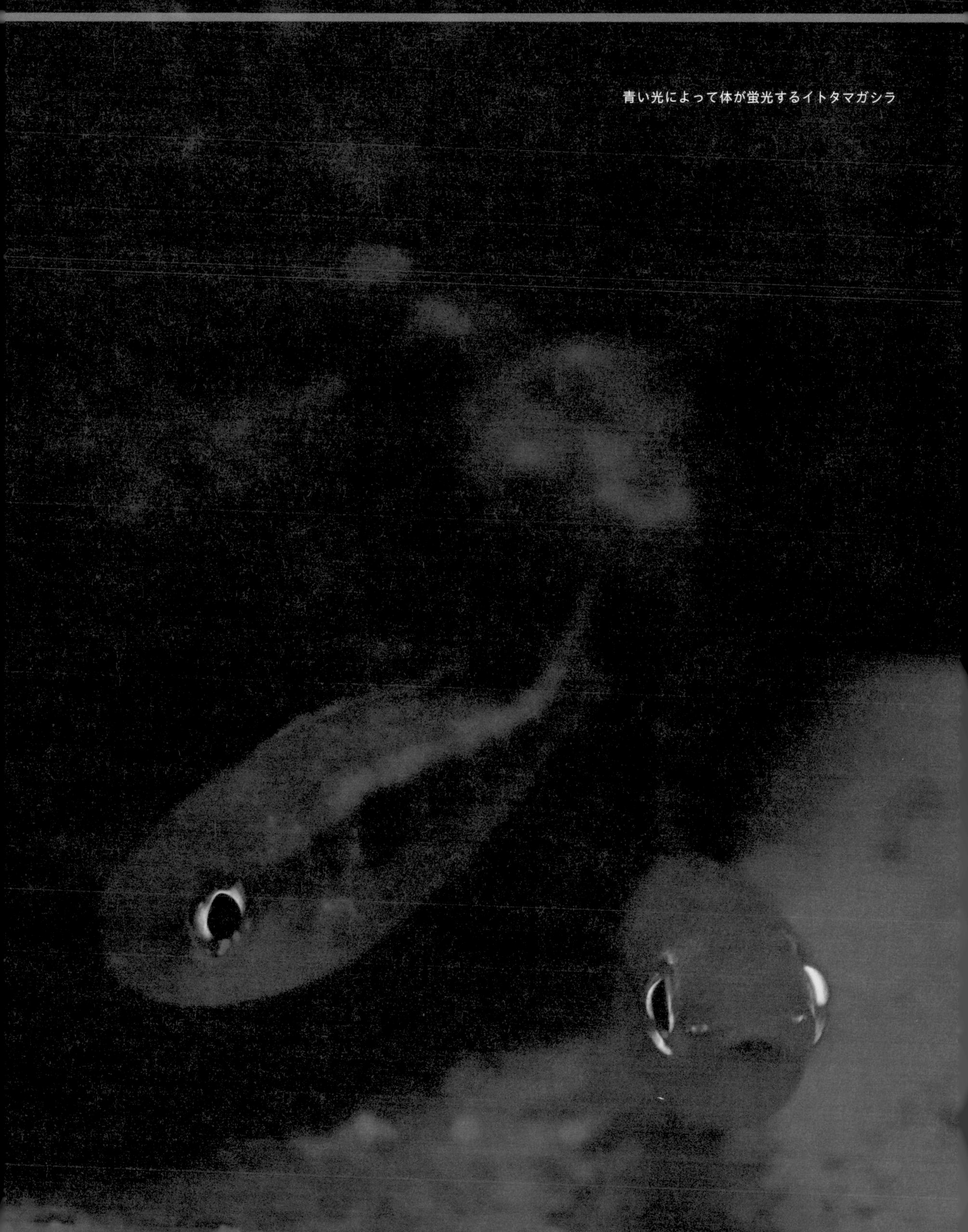

青い光によって体が蛍光するイトタマガシラ

タマガシラ

学　名：*Parascolopsis inermis*
英　名：Unarmed dwarf monocle bream
沖縄名：—

体に4本の赤い縞模様が入るのが特徴で、沖縄では全長20cm程度の個体が多く見られる。
砂地を好むようで水槽内でも砂地にいる姿が観察される。

アカタマガシラ属の一種

学　名：*Parascolopsis* sp.

英　名：—

沖縄名：—

砂地から岩礁域にかけて生息するようだが、採集例が少なく、得られている情報も多くない。これまでに知られている種類には該当しないようだ。本種に限らず名前すらわからない生物が沖縄のトワイライトゾーンには数多く存在する。このような"レアな"種類を一早く飼育し、生態を垣間見られることは飼育員としてとてもうれしいことだ。

ベニツケダコ

学　名：*Amphioctopus mototi*
英　名：Poison ocellate octopus
沖縄名：──

タコの仲間は見た目の特徴に乏しいことが多いが、本種は腕の付け根に美しい青いリング状の模様を持つ。ROV調査では、何もない砂泥底にたたずむ姿が観察されているが、飼育下では大きな二枚貝や巻貝を隠れ家として好んで利用する。

エナガトゲトサカ

学　名：*Dendronephthya decussatospinosa*

英　名：──

沖縄名：──

体の上部に、餌を捕らえ消化するためのポリプを有する。長く立派な柄が本種の特徴であるが、十分に成長した個体では、その太さは成人男性の太ももほどになり、クルマダイなどの魚類が潮流を避けるために利用する場面をしばしば見かける。

アイオイウミサボテン

学　名：*Sclerobelemnon burgeri*

英　名：—

沖縄名：—

8本の触手からなるポリプをいっぱいに広げ、潮の流れによって運ばれてくる有機物を待ち構える。有機物を効率よく捕らえるため、触手に多くの羽状突起をもつ。体の一部は砂中に埋まっており、アンカーの役目を果たしている。水流に合わせ、くるくると体の向きを変えたり、時には砂の中に全身を埋めたりと、様々な動きや姿を見せる。

ホソウデガザミ属の一種

学　名：*Lupocyclus* sp.

英　名：—

沖縄名：—

肉食性として知られるガザミ類は、太く頑丈なハサミ脚を用いて餌生物を捕らえる。それに比べ、ホソウデガザミ属は細く華奢なハサミ脚をしており、挟む力もさほど強くない。自然下でどのような餌を食べているのかは不明であるが、飼育下ではオキアミの肉片などを旺盛に食べる。1日の大半を砂に潜って過ごす。

ウミエラ科の一種

学　名：Pennatulidae sp.
英　名：—
沖縄名：—

刺胞動物の仲間で、8本の触手からなるポリプをもつ。葉状体の片面にあるポリプで海中のプランクトンなどを捕らえる。柄部で砂泥底に突き立ち、水流の向きに合わせて体の向きを変える。体は伸縮性があり、柄部の膨張と縮小を利用し、砂泥に埋まったり抜け出したりすることができる。物理刺激を与えると発光する。

ポリプ側（左）と反対側（右）

8本の触手からなるポリプを持つ

沖縄美ら海水族館のROV調査

沖縄の海は、私たちの生活に馴染みのある魚類や甲殻類を始めとし、海綿動物や環形動物に有櫛動物の仲間など、耳慣れない生物たちが種々様々に暮らす、生物多様性の宝庫である。沖縄美ら海水族館では、そんな海のトワイライトゾーンを、遠隔操作で操縦を行う小型の無人潜水艇、通称ROV（Remotely Operated Vehicle）により、地域の漁業者と共に調査を続けてきた。

ROVは、水深500mまで潜行可能で、ハイビジョンカメラにより深海生物が実際に暮らしている海底の様子をつぶさに観察できるため、底質の状態（泥地であるか岩地であるかなど）や潮流の強さ・方向、光の強さなど、水族館で深海生物を飼育管理するうえで欠かせない重要なデータを多数得ることができる。また、吸引装置“スラープガン”と、“マニピュレーター”と呼ばれるロボットアームにより生物を採集することも可能である。とは言え、マニピュレーターはゆっくりとした動作しかできず、時にはヒトデや貝の歩く速度にさえ負けてしまうこともある。慌ててその後を追いかけるも、海底の泥を舞い上げて視界不良となってしまい、あえなく採集に失敗……というようなことも度々

ROV

地域の漁業者と協力して調査を行う

である。読者の中には、海中を颯爽とROVが突き進み、未知なる生物を次々と発見していく！　というイメージをお持ちの方もいるかもしれないが、機器の操縦方法を始め、運用方法や調査海域の選定など、調査が軌道に乗るまでは非常に長い道のりであった。

現在は操縦にもすっかりと慣れ、動きの少ない無脊椎動物だけにとどまらず、ROV導入当初は想定していなかった魚類の採集にも成功するまでとなり、オニキホウボウやホクロキンチャクフグなどの、世界初となる生体展示にも貢献している。また、これまでに少なくとも149種の生物を採集し、そのうちの7種を新種や日本初記録種および琉球列島初記録種として報告するなど、沖縄のトワイライトゾーンにおける生物多様性の一端を解明してきた。

ROVによるトワイライトゾーンの調査は、100回以上の潜行調査を重ねてきた今に至っても、なお新しい発見が生まれ続けている。底知れぬ魅力を持つ沖縄のトワイライトゾーンから、今後も目が離せそうにない。

（東地　拓生）

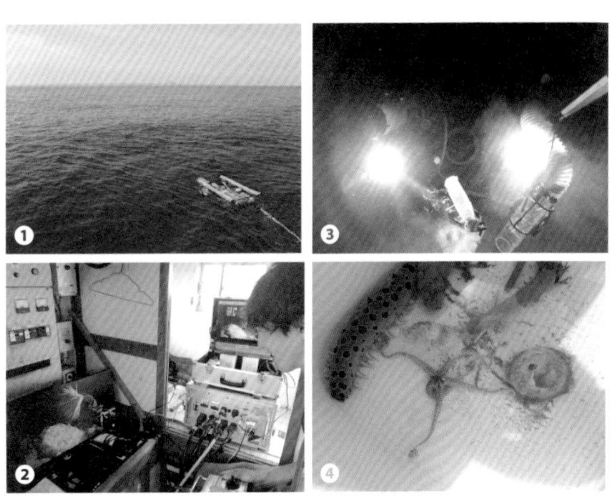

❶いよいよ潜行開始。胸の高鳴りが抑えきれない！
❷船上のモニターを見ながら遠隔操作で生物採集に挑戦中
❸水深200mでマーシャルカイロウドウケツの採集に成功！
❹船上に引き揚げられた魅力的な深海生物たち

トゲウミサボテン属の一種

学　名：*Echinoptilum* sp.

英　名：—

沖縄名：—

触手の付け根部分が光を受け、鮮やかに蛍光する。直径5mm程度の小さな触手であるが、じっくりと観察することで、その精巧な造りや美しさに気付くことができる。その魅力は、美しさのみならずユニークな行動にもあり、砂中をモグラのように移動するという驚きの行動が飼育下で観察され、国際学術誌に世界初の事例として報告された。

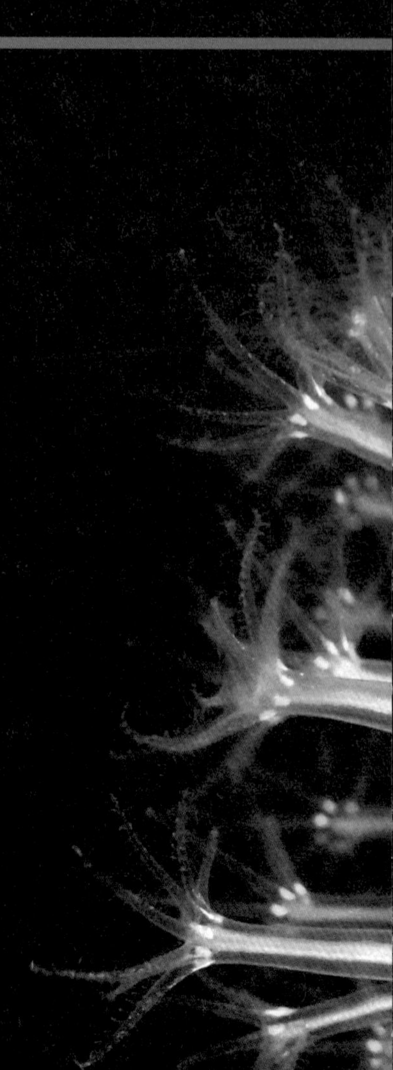

エボシカクレエビ属の一種

学　名：*Dasycaris symbiotes*

英　名：—

沖縄名：—

ウミトサカ類（サンゴの仲間）の体表を棲みかとする小さなエビ。腹部に生えた突起はサンゴの触手のようにも見えるが、宿主であるサンゴにうまく擬態し、厳しい自然環境で生き延びることに一役買っているのだろうか。

およそ水深 150m

学　名：*Pseudanthias rubrolineatus*
英　名：Thread-tail basslet
沖縄名：—

2017年に沖縄での分布が報告され、沖縄美ら海水族館がある本部半島周辺でも新たに生息が確認されている。スジハナダイに似るが本種は尾ビレの一部が糸状に伸長することで見分けがつく。飼育下においてメス（右上）からオス（左下）へと性転換する様子が観察された。尾ビレを中心に現れるオスの婚姻色はとても美しい（右下）。

マダラハナダイ

学　名：*Odontanthias borbonius*
英　名：Checked swallowtail
沖縄名：—

ピンク色の体に黄色の斑点がある美しいハナダイの仲間。オスは複数のメスと一緒に暮らすハーレムを作り、群れになって生活する。ROV調査では、岩穴やサンゴなどを隠れ家として利用する様子が観察された。沖縄美ら海水族館では飼育水温の管理によって、繁殖行動を促し、仔魚の育成にも挑戦中である。

孵化7日目のマダラハナダイ

ヤマユリトラギス

学　名：*Parapercis kentingensis*
英　名：Kenting sandperch
沖縄名：──

砂地に生息するトラギス科の一種。ホシヒメコダイ（56p）と比べてみるとオレンジ色の縞模様や体表の黒点など類似する部分が多い。さらに、同水深帯には複数のよく似たトラギス科魚類が生息する。縞模様の数の違いなどで種判別できる。

ホシヒメコダイ

学　名：*Chelidoperca pleurospilus*
英　名：Arafura perchlet
沖縄名：—

岩が点在する砂地に生息するハナダイの仲間。地面から離れず、首をくねくね曲げて辺りを観察する様はとてもハナダイの仲間とは思えない。同所的にヤマユリトラギスが生息するが、不思議なことに系統が全く異なる2種の体形と模様は非常によく似ている。これも収斂（しゅうれん）進化の一例なのだろうか。

ホムラトラギス

学　名：*Parapercis randalli*
英　名：—
沖縄名：—

砂地に生息するトラギス科の一種。体に鞍状の縞模様が入ること、尾ビレに黒点が入ることが本種の特徴。青い光を照射するとオレンジ色に蛍光する。縄張りを持ち、常に辺りを警戒する様子が水槽内で観察された。

青い光を照射するとオレンジ色に蛍光するホムラトラギス

オオグチイシチビキ

学　名：*Aphareus rutilans*
英　名：Rusty jobfish
沖縄名：タイクチャーマチ

ROV調査では、数匹の群れが潮に逆らうように遊泳する姿が観察されている。口の奥には長い鰓耙（さいは）があり、プランクトンを捕食するのに適している。沖縄名は「大きな口をしたマチ」という意味である。

イレズミオオメエソ

学　名：*Synodus oculeus*
英　名：Large-eye lizardfish
沖縄名：—

国内では、小笠原諸島と与論島でのみ報告されているアカエソの仲間。沖縄美ら海水族館の深海調査において、沖縄本島周辺の岩礁域で稀に採集されている。眼の後ろにある3本の赤い縦帯が特徴であり、和名の由来。青い光を照射すると、眼や体側がわずかに蛍光する。

ホシノエソ

学　名：*Synodus hoshinonis*
英　名：Blackear lizardfish
沖縄名：──

エソ科魚類は同定が困難であるが、本種はエラ蓋に黒点がある点で他種と区別ができる。普段は砂の中に潜り、頭部だけ出してじっとしている。獲物が近づくと俊敏に動き一口で食べ、またすぐ砂に潜る姿が観察されている。本種はエソの仲間としては珍しく、背中がオレンジ色、鰓条膜（さいじょうまく）が黄緑色に蛍光する。

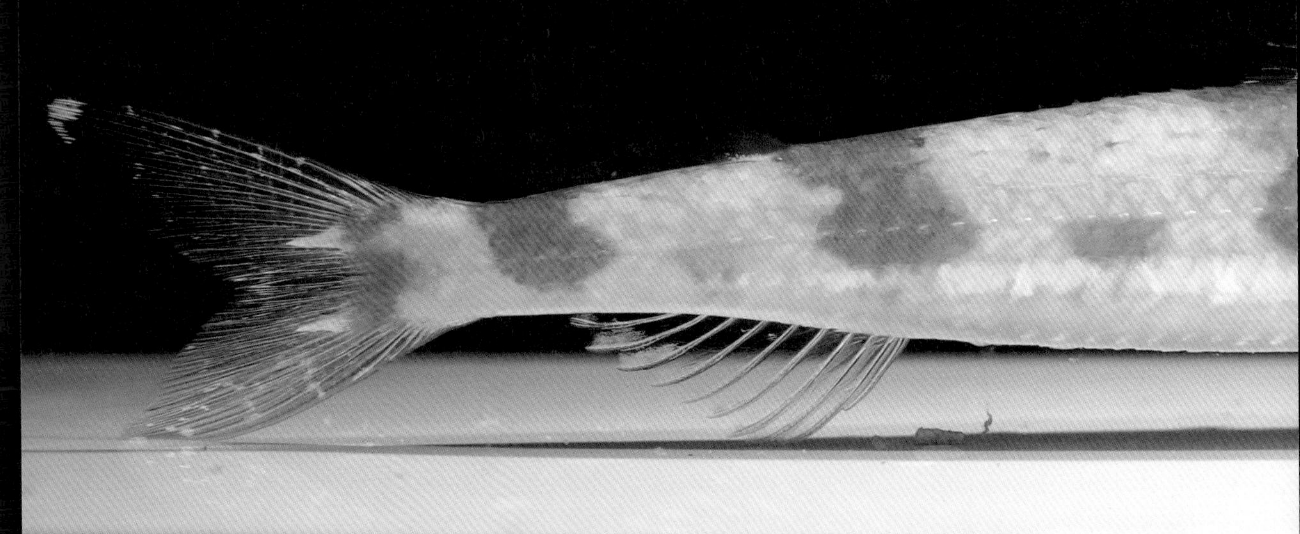

【個体登録番号】OCF-P 10476

ウメイロ

学　名：*Paracaesio xanthura*
英　名：Yellowtail blue snapper
沖縄名：シヌクヮー

背中の黄色がとても鮮やかだが、深くて暗いトワイライトゾーンの岩礁域に棲む。サンゴ礁域には、本種によく似たウメイロモドキが分布するが、後者は胸ビレ基部に黒点をもつことから区別できる。

アオダイ

学　名：*Paracaesio caerulea*
英　名：Japanese snapper
沖縄名：シチューマチ

ウメイロに似た体色をもち、やや深い岩礁域に生息する。沖縄ではシチューマチと呼ばれ、スーパーのお刺身コーナーに並ぶ。近年漁獲量が減少している種で、禁漁区を設定するなど資源管理が行われている。沖縄美ら海水族館の“飼育技術”を活用し、沖縄県の標識放流調査に協力している。

オオヒメ

学　名：*Pristipomoides filamentosus*
英　名：Crimson jobfish
沖縄名：マーマチ

ヒメダイ、オオヒメ、キンメヒメダイ、ナガサキフエダイなどのヒメダイ類とよく似ている。本種は体が赤みがかっていて、尾ビレの緑色が濃いのが特徴。

キンメヒメダイ

学　名：*Pristipomoides flavipinnis*
英　名：Golden eye jobfish
沖縄名：キンミーマチ、キイマチ

他のヒメダイ類と比べて眼や背ビレ、腹部がやや黄色いことで見分けがつく。沖縄美ら海水族館の深海調査によって分布海域を発見したことや加圧治療などの飼育技術の進歩によって、世界で初めて飼育に成功した。

キマダラヒメダイ

学　名：*Pristipomoides auricilla*
英　名：Goldflag jobfish
沖縄名：イリキンマチ

体には「くの字」模様が入り、黄色い点がまばらに入る。沖縄でも稀な種で漁業者と調査を続けたことにより展示に成功した。飼育下では、成長とともに尾ビレの色が変化する様子が観察された。

2022年撮影。尾ビレの色が変化している

2020年撮影

ズナガアカボウ

学　名：*Bodianus tanyokidus*
英　名：Black ear hogfish
沖縄名：アカレー

国内では琉球列島の一部の海域でのみ生息が確認されている。性転換することが知られているが、形態から雌雄を判断することは困難。オス同士の闘争は非常に激しい。水槽内では夜間、ブダイの仲間のように、薄い粘膜の巣を作って休む様子が観察されている。

【個体登録番号】OCF-P 10683

スジキツネベラ

学　名：*Bodianus leucosticticus*
英　名：Lined hogfish
沖縄名：—

アカホシキツネベラと似ているが、胸ビレの基部に黒斑がある点で区別できる。単独でゆっくり遊泳し、砂上の餌などもついばむように食べる様子が観察できる。2022年に沖縄美ら海水族館初展示に成功した。

アカホシキツネベラ

学　名：*Bodianus rubrisos*
英　名：Red-sashed hogfish
沖縄名：—

タキベラの仲間でスジキツネベラと非常に似ているが、全身に赤い斑点があるのが特徴。とがった口には小さな歯が観察でき、餌をついばむように食べる。

モンイトベラ

学　名：*Suezichthys notatus*
英　名：Northern rainbow wrasse
沖縄名：—

英名に「虹」という意味が入っているように、体色が美しいベラの仲間。1958年に高知県沖ノ島で発見されて以来ほとんど見つかっておらず、沖縄美ら海水族館の深海調査でも1個体しか確認できていない幻の魚。分類や生態についても謎が多く、現在も調査研究が進められている。

【個体登録番号】OCF-P 4286

シマキツネベラ

学　名：*Bodianus masudai*
英　名：Masuda's hogfish
沖縄名：──

深場の岩礁域に生息する、紅白の縞模様が特徴のタキベラの仲間。小型で全長は10㎝ほど。複数種で混合飼育していたところ、大型のクルマダイ類をクリーニングするような行動が確認された。

ヤリイトヒキベラ

学　名：*Cirrhilabrus lanceolatus*
英　名：Long-tailed wrasse
沖縄名：──

岩礁域に生息するイトヒキベラの仲間。尾ビレが槍のように伸びることから和名がつけられた。オスとメスで体色や模様が異なることが知られている。青い光を照射するとオレンジ色に蛍光した。

【個体登録番号】OCF-P 10462

ムスメベラ

学　名：*Coris musume*
英　名：Comb wrasse
沖縄名：—

他の地域では、ダイビングでも確認されるなど、浅場に生息する種であるが、沖縄近海では水深150m付近に生息している。日中は活発に泳ぎ回るが、夜間は砂に潜りじっとしている。2匹が寄り添うように遊泳する姿が観察されており、水槽内繁殖も確認された。

キツネダイ

学　名：*Bodianus oxycephalus*
英　名：Banded pigfish
沖縄名：――

面長な頭部が「キツネ」という和名の由来。体側の赤い模様と、背ビレの黒い点が特徴。水槽内ではとがった口で餌を活発に吸い込む様子が観察されている。沖縄美ら海水族館の深海調査では、全長40㎝を超える大型のキツネダイが採集されたことがある。

ミナミキントキ

学　名：*Priacanthus sagittarius*
英　名：Arrow bulleye
沖縄名：—

深場の岩礁域に生息するキントキダイの仲間。頭に対して大きな眼をもち、頭上にいる獲物を襲って食べる。警戒心が強く、動きはかなり俊敏。広げると鮮やかな腹ビレが美しい。

ヒノマルヒメヨコバサミ

学　名：*Paguristes gonagrus*

英　名：—

沖縄名：—

ハサミ脚や歩脚に、赤い見事な日の丸模様を持つ。小型のヤドカリであるが、鮮やかなオレンジ色をした眼柄や、紫色の触角など、じっくりと観察することでその美しさに気付く。

チョウチンコブシ

学　名：*Tokoyo eburnea*

英　名：──

沖縄名：──

砂に潜るため、水槽内であっても見つけるのに一苦労する。砂中に隠れている場合は、先端に餌をつけた棒を砂の上に這わせると、ハサミ脚を出して餌を捕らえる様子が確認できる。丸みを帯びたフォルムとピンクがかった色味が可愛らしいが、はさむ力は見かけによらず強力。

体に黒い帯が残るツルグエ

ツルグエ

学　名：*Liopropoma latifasciatum*
英　名：Blackstripe basslet
沖縄名：—

黄色い体に黒い帯が特徴のひとつだが、飼育下では成長に伴い黒い帯はほとんど消失した。ツルグエを含むハナスズキ属は、長期飼育することで成長による体色の変化が見られるものが多い。

キリンゴンベ

学　名：*Cirrhitichthys guchenoti*
英　名：Cave hawkfish
沖縄名：—

和名の通り、キリンのような面長な顔で、まだら模様が特徴のゴンベの仲間。胸ビレを広げて岩場に張り付き、眼をきょろきょろさせながら周りを見ている姿が観察されている。これまで沖縄からの記録はなく、2022年に沖縄美ら海水族館で初めて採集に成功し、展示を行った。

エリマキエビ

学　名：*Plesionika chacei*
英　名：──
沖縄名：──

頭胸部に赤い襟巻様の模様が入るジンケンエビ属の仲間。繊細な歩脚は海底で体を支えるだけでなく、浮遊中に歩脚を広げて水中でバランスをとる役割を持つ。遊泳時に体の側面に沿わせ水の抵抗を抑える様子も確認された。岩礁域やイソギンチャクの周囲に小さな群れ、もしくは単独で生活する。

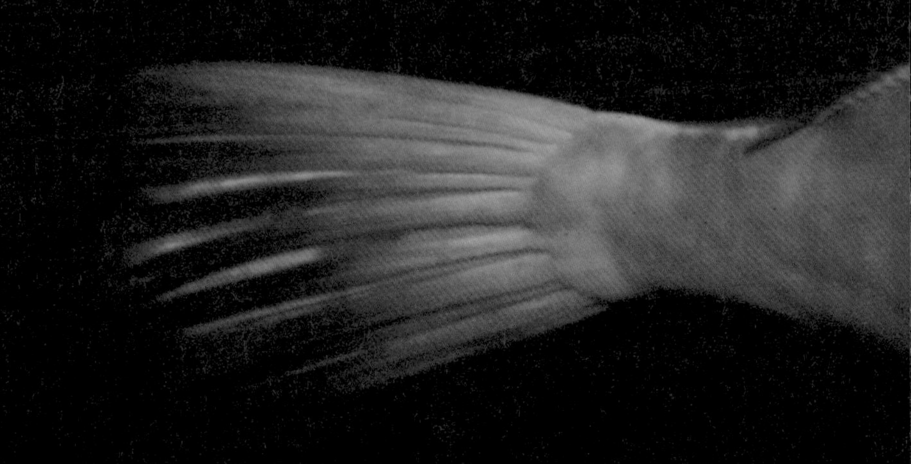

キビレカワハギ

学　名：*Thamnaconus modestoides*

英　名：Modest filefish

沖縄名：―

深場に生息するカワハギの仲間。体は薄いうえ表皮は伸縮性が低く、急減圧に伴う体の変化にとても弱いため、飼育の難易度は高い。試行錯誤の末、海中で水圧を保持したまま耐圧容器へ収容し、沖縄美ら海水族館での飼育が可能となった。

ルリハタ

学　名：*Aulacocephalus temminckii*
英　名：Goldribbon soapfish
沖縄名：──

ハタ科の仲間では珍しく、鮮やかな黄色と瑠璃色の体色をもち、見た目はとても美しい。体表にはグラミスチンという他の魚類に有毒な物質が含まれている粘液をもつ。この粘液で他の魚に影響がでないよう、沖縄美ら海水族館では慎重に飼育を行っている。

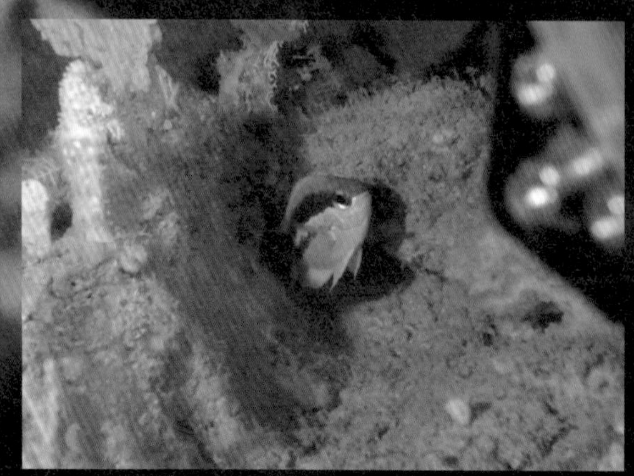

ROVによって撮影されたオビトウカイスズメダイ

オビトウカイスズメダイ

学　名：*Chromis okamurai*
英　名：Okinawa chromis
沖縄名：──

深場に生息するスズメダイの一種。同じ水深帯に生息するトウカイスズメダイとは、体側の帯の数で区別できる。ROV調査で、トウカイスズメダイの群れに混じって遊泳する様子が観察されたが、生息数はとても少ないようだ。長年採集に挑戦し続け、2018年にようやく沖縄美ら海水族館初展示に成功した。

学　名：*Chromis tingting*
英　名：Moonstone chromis
沖縄名：—

2019年に新種として報告されたばかりの深海性のスズメダイの仲間。加圧水槽により治療を行い、2022年11月に沖縄美ら海水族館初展示に成功。"月光"のような幻想的な体色が和名の由来になっている。紫外線光を当てると青白く蛍光することがスズメダイ科で初めて確認された（上）。

トウカイスズメダイ

学　名：*Chromis mirationis*
英　名：Japanese chromis
沖縄名：—

スズメダイ科のほとんどは浅海域に生息するが、本種は珍しく深場に生息し、浅海種と比較して眼が大きいのが特徴。体に入る暗色縦帯が1本であることで同水深帯に生息するオビトウカイスズメダイやゲッコウスズメダイと区別できる。沖縄美ら海水族館ではオスが岩の表面をクリーニングして産卵床を作り、ペアとなった雌雄の産卵行動の観察に初めて成功した。岩に産み付けられた卵が孵化するまでおよそ5日間、オスがヒレを使って卵に新鮮な海水を送る行動や、他種から卵を守る行動が観察された。

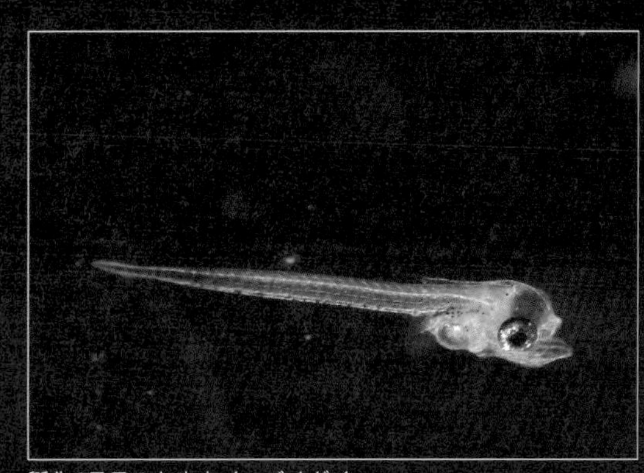

孵化6日目のトウカイスズメダイ

ソコモンガラ

学　名：*Rhinecanthus abyssus*

英　名：—

沖縄名：—

体の一部がレモン色で、両眼の間に3本の黒いラインがあるのが特徴。ムラサメモンガラの仲間で、本種のみが深場に生息する。過去に久米島で採集されているが、非常に珍しい種で、沖縄美ら海水族館では世界で2例目となる飼育に成功した。

【個体登録番号】OCF-P 10580

サクラダイ

学　名：*Sacura margaritacea*
英　名：Cherry anthias
沖縄名：—

温帯域ではダイビングで確認される普通種だが、沖縄本島周辺では少なくとも水深100mを超える深場に生息する。オス（右下、左下）とメス（上）で体色が異なりどちらも美しい。水槽内では性転換する様子も確認され、その変化を観察するのも面白い。

シロオビハナダイ

学　名：*Pseudanthias leucozonus*

英　名：―

沖縄名：―

黄色の体に1本の"白い帯"をもち、ヒレの縁は紫色で美しい。和名の由来である"白い帯"は興奮状態によってピンク色に変化する様子が観察されている。地元の漁業者より沖縄での釣獲情報を入手し、沖縄美ら海水族館での初展示に成功した。

カワリハナダイ

学　名：*Symphysanodon katayamai*
英　名：Yellowstripe slopefish
沖縄名：—

岩礁域に群れで生息する小型種。体には縦に黄色いラインが入ることや、尾ビレ下葉が赤いことが本種の特徴である。ROV調査において潮通しの良い環境で群れを成す様子が観察された。

ツキヒハナダイ

学　名：*Symphysanodon typus*
英　名：Insular shelf beauty
沖縄名：—

カワリハナダイと同様に岩礁域に生息し、20尾ほどの群れで行動している様子が観察されている。カワリハナダイに似るが、ピンク色の体色にエラ蓋の一部と尾ビレ下葉が黄色いことで見分けがつく。

イッテンサクラダイ

学　名：*Odontanthias chrysostictus*

英　名：—

沖縄名：—

相模湾や駿河湾などの太平洋岸から台湾、フィリピンなど広く分布する。背ビレ第3棘に黒点があることが特徴で、和名の由来にもなっている。釣りあげた時の急激な圧力の変化に弱いため、加圧水槽を用いて飼育に挑戦している。

カイエビス

学　名：*Ostichthys kaianus*
英　名：Deepwater soldierfish
沖縄名：—

エビスダイと似ているが、体側に美しい白い模様が数列並ぶのが特徴。ウロコには小棘があり、鎧のように非常に硬い。顔を正面から見ると、口が「への字」になっている。上から沈んでくる餌を勢いよく捕食する様子が観察されている。沖縄では水深150－350mで稀に採集される。

ヒレナガカサゴ

学　名：*Neosebastes entaxis*
英　名：Orange-banded scorpionfish
沖縄名：——

背ビレ棘が非常に長いカサゴの仲間。底生性でじっとしており、餌の時以外で泳ぐ姿はほとんど見られない。鰾（うきぶくろ）の周りに強い筋肉をもっており、これを震わせて振動音を出す。求愛・警戒・威嚇時に使っていると考えられている。

ハタタテヒメ

学　名：*Hime* sp.

英　名：―

沖縄名：―

砂泥底で長い背ビレを立てて静止する姿が美しい魚。
オスは背ビレが長くなる特徴をもつ。

謎多き生物の繁殖と水族館

ヤスリヤドカリの成体（左）と稚ヤドカリ（右）
2022年にJAZA初繁殖認定を受ける。70日齢で稚ヤドカリが貝殻を背負って歩く様子が確認された。

沖縄美ら海水族館ではトワイライトゾーンに生きる数多くの生物の飼育下繁殖が観察されている。当館で飼育するトワイライトゾーンの生物は、新種や世界初展示種をはじめ、生態の明らかになっていない種がほとんどである。飼育生物の繁殖行動や初期形態から生活史の一端を解明することは水族館の重要な役割のひとつである。

比較的数多く採集される種であっても、飼育下での繁殖を通して重要な知見が得られる。そのため、基礎データの収集および繁殖技術習得を目的とし、積極的に飼育下繁殖に取り組んでいる。適水温や初期飼料の切替時期など、幼生の状態に応じて飼育環境を検討しなければならない。

繁殖個体を観察することで、成体のもつ形質の出現時期も明らかになる。巻貝の仲間であるオガサワラツブリは軟体部を守る蓋が蛍光する形質を持つが、繁殖によって得られた稚貝の蓋と卵のうも蛍光することが分かった（写真）。

トラフカラッパの繁殖事例では、雌雄のペアではなく、単独で飼育しているメスが卵を持ち、幼生が生まれたこともあった。単為生殖かと疑ったが、甲殻類の一部は精子を貯蔵する器官があるため、貯蔵されていた精子と受精したものと考えられる。成体の長期飼育を通じて、精子貯蔵期間の解明につながる可能性もある。繁殖個体が成熟すればさらなる繁殖生態の解明につながるかもしれない。

水族館では、長期にわたってじっくりと生物の観察をすることが可能だ。これからも、些細な変化を日々記録することで、謎に包まれたトワイライトゾーンの生物の生態を解き明かしたい。（中島　遥香）

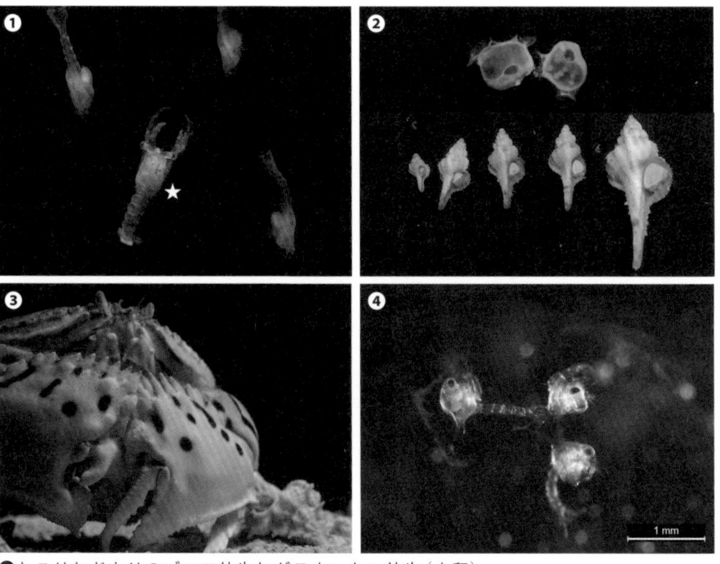

❶ヤスリヤドカリのゾエア幼生とグラウコトエ幼生（★印）
孵化後約20日でゾエア幼生からグラウコトエ幼生へ変態する。
❷蛍光するオガサワラツブリの卵のう（上）と稚貝の蓋（下）
飼育員自作の容器など飼育環境の改善を重ね10か月以上の稚貝の育成に成功した。
❸❹単独飼育で抱卵したメスのトラフカラッパ（❸）とゾエア幼生（❹）
沖縄美ら海水族館におけるエビ類幼生の最長飼育記録は326日に対し、カニ類幼生は33日にとどまる。壁を乗り越えるべく挑戦は続く。

およそ水深 200m

オキナワクルマダイ

学　名：*Pristigenys meyeri*

英　名：—

沖縄名：—

岩礁が点在するような場所に単独で生息する。赤く縁どられた大きな眼、体側面の赤い縞模様と破線模様がよく目立つ。沖縄でも採集例はとても少なく希少で、久米島の漁業者の協力により初めて長期飼育に成功した。

クルマダイ

学　名：*Pristigenys niphonia*
英　名：Japanese bigeye
沖縄名：—

全長20cm程でクルマダイ属の中では小型種である。活発な遊泳はあまり行わず、岩場でじっとしている。巨大な眼は薄暗い環境でわずかな光を集めるために重要だ。

ミナミクルマダイ

学　名：*Pristigenys refulgens*
英　名：Blackfringe bigeye
沖縄名：—

本種はクルマダイに似るが、ヒレの末端が黒いことや、体側面に明瞭な縞模様が入ることで識別できる。クルマダイよりも大きく成長する。

ヒメナナフシ属の一種

学　名：*Neastacilla* sp.

英　名：—

沖縄名：—

オオウミユリなど背の高いものにつかまり、潮流に乗って運ばれてくる小さな餌を待ち構える。親が自分の体に子供を付着させて保護する「子守行動」を行う。

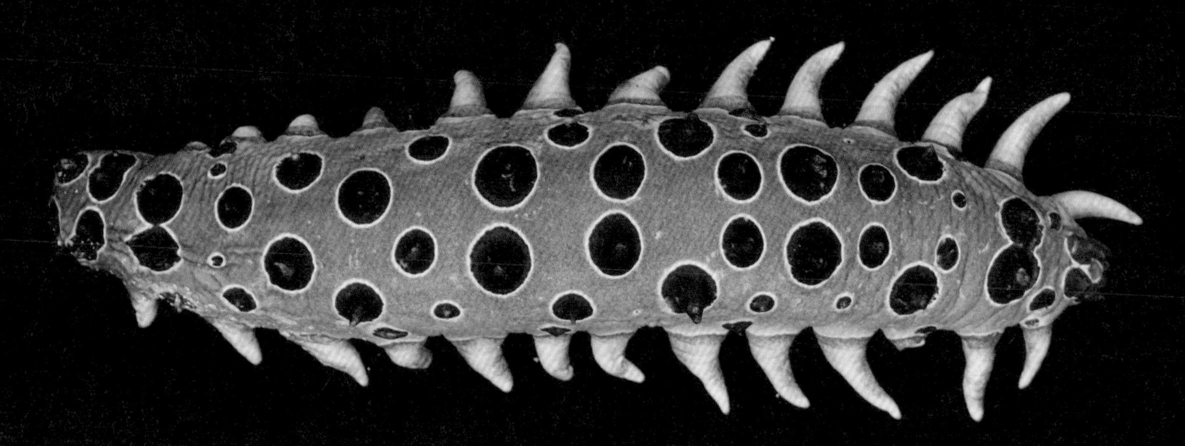

フクロアシナマコ

学　名：*Holothuria (Cystipus) dura*

英　名：—

沖縄名：—

異世界からやってきたかのような、特異な見た目をしたナマコの仲間。背面や腹側に疣足（いぼあし）と呼ばれる発達した突起を持ち、背面の疣足は白い縁取りのある黒斑に覆われる。日本では小笠原及び高知、沖縄で生息が確認されているが、その発見例は極めて少ない。飼育下では泥の中に完全に身を隠す行動が観察されている。自然下でも同様の行動をとっていると思われるため、発見例が少ないのであろう。

ヤミガンガゼ

学　名：*Eremopyga denudata*

英　名：—

沖縄名：—

浅い海を主な生息場所とする「ガンガゼ」というウニの一種。ガンガゼ類の中では珍しく深場に生息する種で、水深200mを超える深海底から採集された。水深200mともなると、太陽光は地上のわずか0.1%ほどしか届いておらず、その生息環境は暗闇に包まれている。この事実をもとに、和名「ヤミガンガゼ」を提唱し、琉球列島初記録種として報告した。

ツルタコクモヒトデ

学　名：*Trichaster flagellifer*

英　名：—

沖縄名：—

テヅルモヅルの仲間でツルクモヒトデ目に属する。一般的にテヅルモヅルの仲間は、サンゴの仲間など背の高いものに巻き付いて生活することが知られるが、沖縄美ら海水族館の調査では、放棄された漁具やウツロヤギなどサンゴの仲間に巻き付くほか、何もない泥底で縮こまっている姿が確認された。水槽内で餌を撒くと、先端にかけて細くなる腕を伸ばす姿が繊細で美しい。

カンムリヒグルマヒトデ

学　名：*Brisingaster robillardi*
英　名：Deep-sea dwelling sea star
沖縄名：──

ヒトデの仲間の多くは肉食もしくは腐肉食であるが、本種は懸濁物食である。ヤギ類やカラマツ類など背の高いものにつかまり、流れてくるプランクトンなどを叉棘（さきょく）で捕らえる。叉棘は、腕にあるトゲを覆う皮の表面に多数あり、流れてくる小さな餌を集めるのに役立つ。

背の高いものにつかまる

腕にあるトゲの拡大写真。
皮の表面に、さらにトゲが
多数ある。

ヒョウザメ

学　名：*Proscyllium venustum*
英　名：Graceful catshark
沖縄名：—

沖縄近海に分布するサメで、タイワンザメやナガサキトラザメと混同されることが多い。分類学上の問題があり、現在の学名は将来変更される可能性が高い。沖縄美ら海水族館では水槽内繁殖し、産卵から約3か月で胚体が確認され、多くが約8か月で孵化した。生まれた仔ザメは約15cmで、成長すると約70cmになる。

キンメダマシ

学　名：*Centroberyx druzhinini*
英　名：Flathead alfonsino
沖縄名：—

キンメダイに近縁であるが、生息水深はキンメダイより浅く水深200m付近。沖縄美ら海水族館のROV調査では、沖縄本島沖の岩礁域を単独で遊泳している姿が確認されている。オレンジ色の体色で、胸ビレを羽ばたくように動かして遊泳する姿は美しい。

ウチワフグ

学　名：*Triodon macropterus*
英　名：Threetooth puffer
沖縄名：—

腹部を大きく膨らませる一般的なフグと違い、本種は膜状に収納された腹部をうちわのように広げる唯一のフグ。「うちわ」の中央には黒い点があり、あたかも大きな目玉のようにも見える。外敵が迫るとこの目玉模様で威嚇すると考えられており、水槽でも背後から接近する魚に対してうちわを広げる様子がしばしば観察される。しかし、威嚇の効果は無さそうに見える。2023年、沖縄美ら海水族館は、スミソニアン博物館、国立科学博物館らと共同研究を行い、海水を飲みこみ腹部を膨らませる過程を超音波診断器で観察した研究結果を公表した。

バラハナダイ

学　名：*Odontanthias katayamai*

英　名：—

沖縄名：—

亀裂のある入り組んだ岩壁などに生息するイッテンサクラダイ属の一種。縄張りを持ち、接近する同種に対して追い払う行動が見られる。このような習性から沖縄美ら海水族館では自然に近い複雑な構造物を水槽内に配置することで争いを回避させ複数飼育に成功した。青い光を照射すると頭部が強く蛍光する。

アカタマガシラ

学 名：*Parascolopsis akatamae*
英 名：Rosy dwarf monocle bream
沖縄名：アカシチュー

岩礁域に群れて暮らす種類で、沖縄では数多く漁獲される。体の模様は状況によって変化し、特に興奮した時は全身が赤みを帯びる。青い照明下では眼やエラ蓋の一部が黄色く蛍光する。

エンビアカタマガシラ

学　名：*Parascolopsis eriomma*
英　名：Swallowtail dwarf monocle bream
沖縄名：アカシチュー

アカタマガシラと酷似しており、混同されていた種類。沖縄美ら海水族館の研究によって別種と判明した。アカタマガシラよりも尾ビレが深く2叉するといったわずかな形態的違いしかなく識別は難しいが、青い照明下では2種の蛍光パターンが違うため、容易に識別が可能だ。

コトクラゲ

学　名：*Lyrocteis imperatoris*
英　名：Harp comb jelly
沖縄名：—

赤・白・黄・橙・紫色など、多様な色彩の個体が見つかっている。有櫛動物の仲間で、サンゴの仲間や岩などの基質に付着し、二股に分かれた体の先端から、体長の10倍以上に達する長い触手を出し入れし、流れてくるプランクトンを捕まえ餌とする。触手はペタペタとした粘着質で、餌を効率よく捕らえやすい“櫛状”となる。

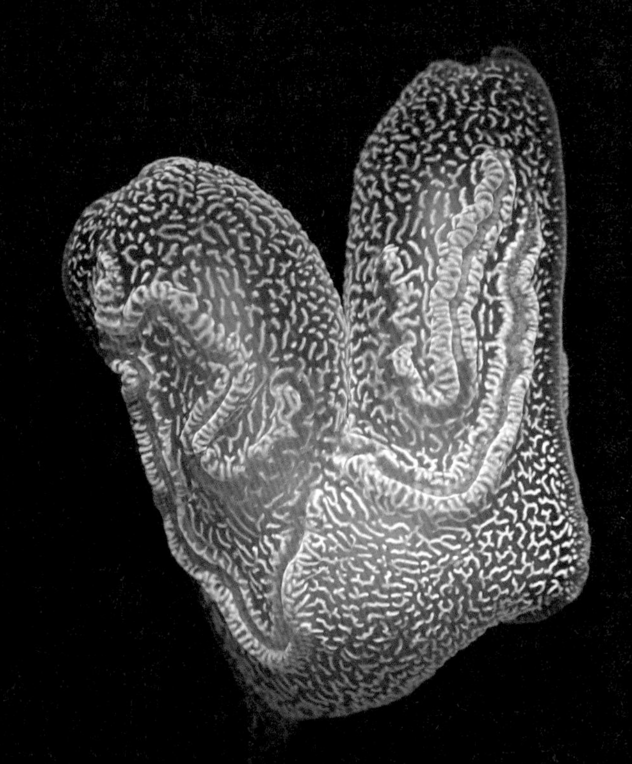

チョウセンバカマ

学　名：*Banjos banjos banjos*
英　名：Banjofish
沖縄名：—

砂泥底に生息する。鰾（うきぶくろ）で音を鳴らすことが知られており、水槽でもグググっと鳴く様子が観察されている。どことなくツボダイやテングダイに似た雰囲気があるのだが、異なる系統群に分類される。

シマハタ

学　名：*Cephalopholis igarashiensis*
英　名：Garish hind
沖縄名：インディアンミーバイ

岩礁域に生息するハタの仲間。頭部には黄色と赤の縞模様があり、とても目立つ。なぜこんなにも派手な体色をしているのかは謎である。調査により久米島の沖合に多く生息することがわかり、2009年に地元の漁業者の協力で飼育に成功した。同個体は現在も飼育中である。

テンジクハナダイ属の一種

学　名：*Grammatonotus* sp.

英　名：—

沖縄名：—

沖縄美ら海水族館のROV調査により、沖縄本島周辺の水深200m付近の岩礁域に単独または2－3個体の小さな群れで生息している姿が確認されている。警戒心が強く、ROVで近寄ると、すぐに岩穴に隠れてしまう。シキシマハナダイの仲間で、背側のピンクの体色が非常に美しい。

【個体登録番号】OCF-P 10489

アカイサキ

学　名：*Caprodon schlegelii*
英　名：Sunrise perch
沖縄名：アカマジャー

メス

性転換するハナダイの仲間。沖縄美ら海水族館でも複数匹で飼育していると、1匹のメス（左上）がオスへ、体色変化する様子が観察されている（右上）。オスは非常に鮮やかなピンクと黄色が特徴的である（左下、右下）。

オス

メスからオスへ性転換中の個体

オス（アップ）

アヤメイズハナダイ

学　名：*Plectranthias maekawa*
英　名：Maekawa' s perchlet
沖縄名：—

2018年に新種として発表されたイズハナダイの仲間。2020年には沖縄にも生息していることが確認された。体側の赤と黄色の模様が美しい。水槽内では岩場の近くでじっとしているが、餌の時は素早く近づいてくる。

キオビイズハナダイ

学　名：*Plectranthias sheni*

チュラシマハナダイ

学　名：*Plectranthias ryukyuensis*
英　名：Churashima perchlet
沖縄名：—

2020年に沖縄美ら海水族館と鹿児島大学などとの共同研究によって新種として発表された小型のイズハナダイの仲間。そっくりなニシキハナダイやフジナハナダイと間違えて展示されていたことがある。一本釣りやROVのスラープガンで採集に成功した。

ニシキハナダイ

学　名：*Plectranthias sagamiensis*
英　名：—
沖縄名：—

チュラシマハナダイやフジナハナダイと、酷似している。この個体は2022年のROV調査で採集に成功した。沖縄で確認されたのは34年ぶりであった。他のイズハナダイの仲間と比べても、非常に警戒心が強く、岩陰やサンゴの隙間に隠れてじっとしていることが多い。

トウヨウホモラ

学　名：*Homola orientalis*

英　名：—

沖縄名：—

5番目の脚でカイメンやサンゴなど様々なものを背負うカニの仲間。身を隠すため、生息場所の周辺にあるカイメンなどを拾って背負う。噴火の影響で軽石が多かった年には、軽石を背負うこともあった。水槽内では、餌として落としたサバや吸盤を背負うなど飼育員泣かせな面もあるが、沖縄美ら海水族館初採集となるウミウシを背負って当館にやってきた個体もいた。

マーシャルカイロウドウケツ

学　名：*Euplectella marshalli*
英　名：Venus' flower basket
沖縄名：—

ドウケツエビが棲み処とするマーシャルカイロウドウケツ

ドウケツエビ

学　名：*Spongicola venustus*
英　名：—
沖縄名：—

「ビーナスの花かご」とも呼ばれるカイロウドウケツの胃腔内につがいで生息する。カイロウドウケツに穴が開いてもドウケツエビは逃げ出すことなく、胃腔内に留まるほど、快適な棲み処となっているようだ。沖縄美ら海水族館における飼育下観察では、カイロウドウケツが再生する様子が確認されており、穴がゆっくりと塞がっていく様子は緻密で繊細である。

トラフカラッパ

学　名：*Calappa lophos*
英　名：Red-streaked box crab
沖縄名：—

愛嬌のある丸いフォルムとは裏腹に、重機のごとく周りの砂を外側に押しのけながら豪快に潜る。飼育員の目をも欺くほど、隠れ上手。砂の中でも呼吸がしやすい体のつくりになっている。水槽内では、歩脚で砂中の障害物の有無を確認し、障害物のない潜りやすいところでのみ潜る様子が確認された。

砂の中に潜る

呼吸をするトラフカラッパ。
体の上部から呼吸後の海水
を放水する。

クマサカガイ科の一種

学　名：Xenophoridae sp.
英　名：Carrier shell
沖縄名：—

自分の貝殻に、他の貝殻や小石などをつけながら成長する。海底に積もった有機物を、歯舌（しぜつ）を使い、なめとるようにして食べる。

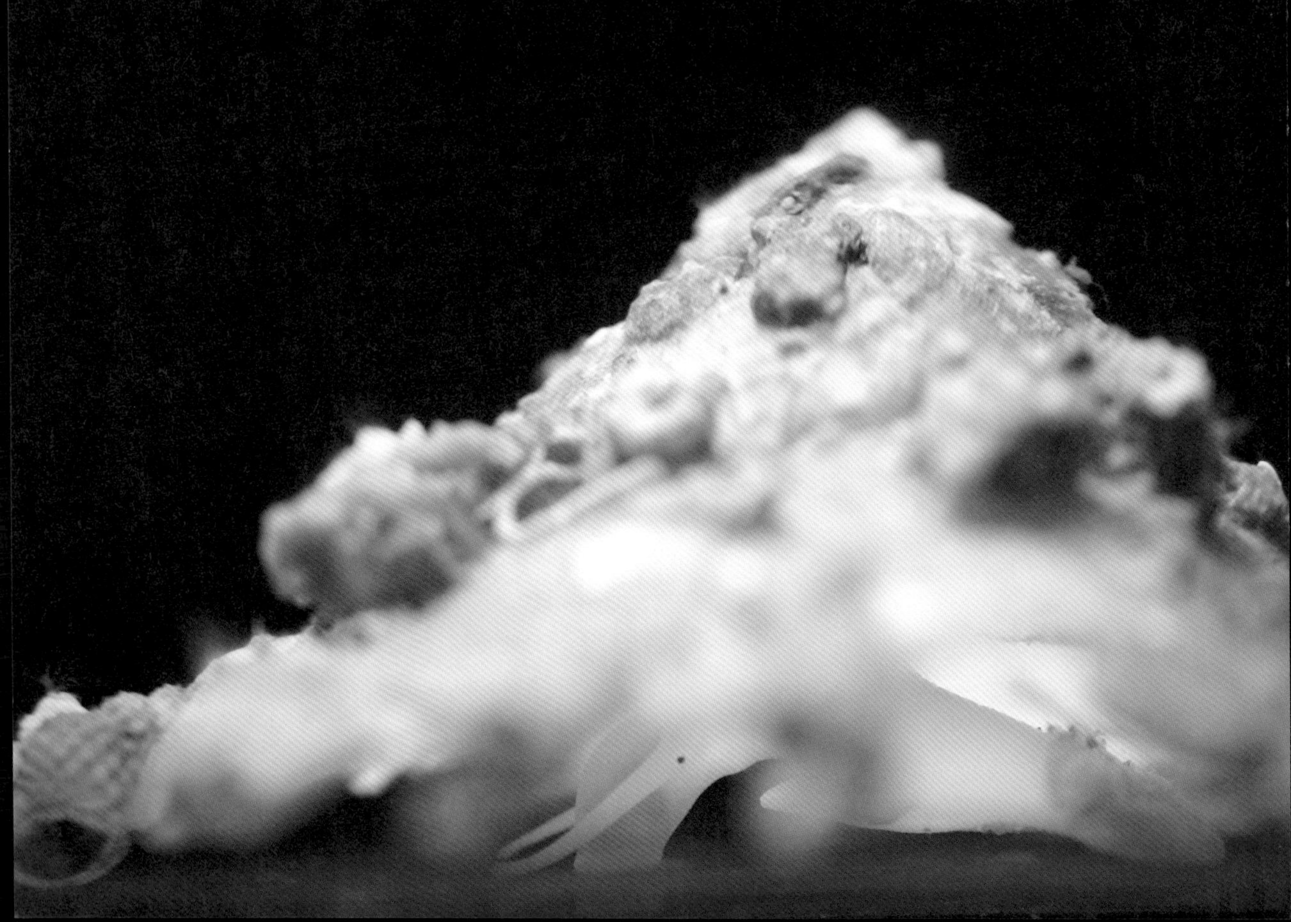

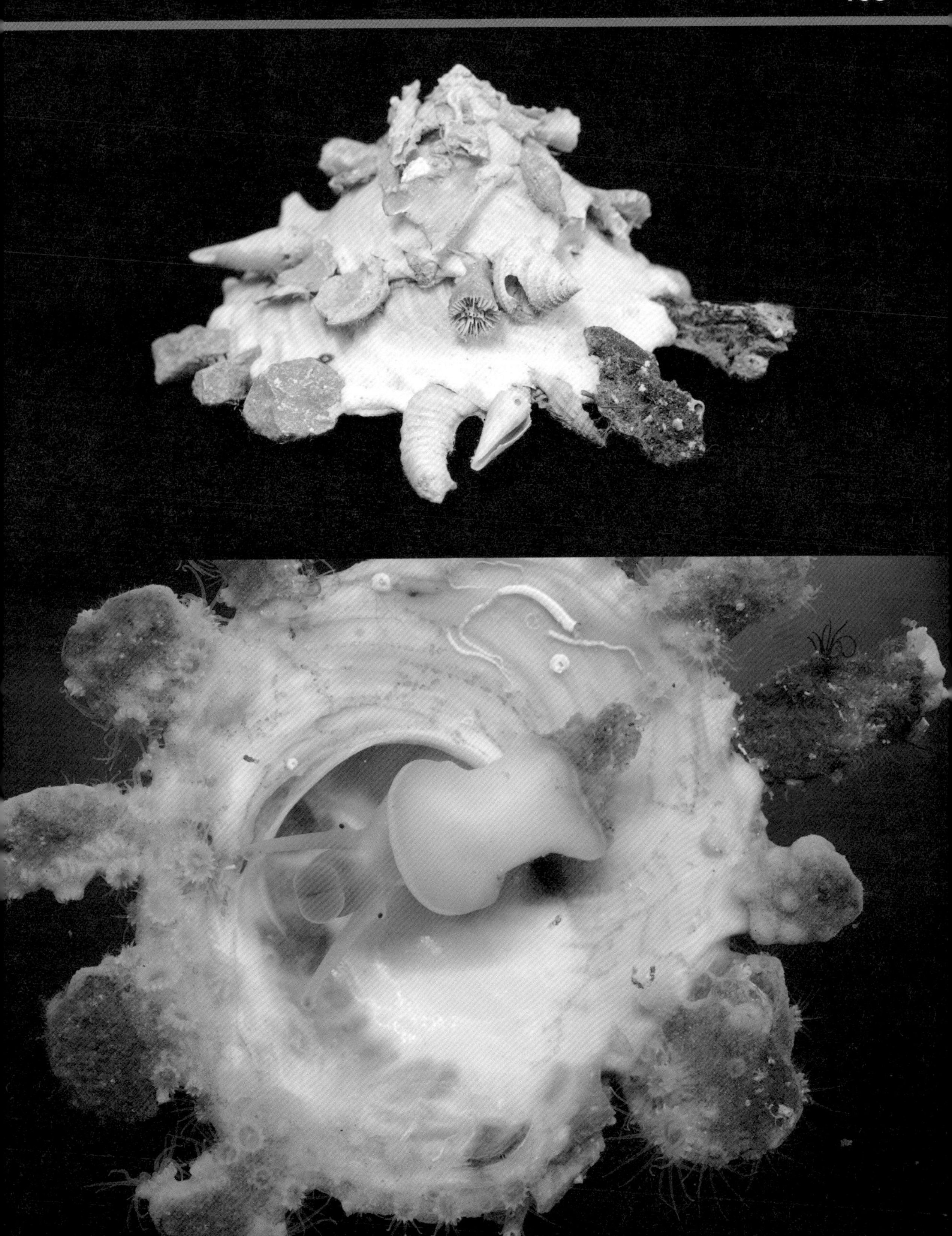

モザイクウミウシ属の一種

学　名：*Halgerda* sp.

英　名：—

沖縄名：—

深海に生息するウミウシの仲間。ROV調査で確認されたウミウシの仲間は数例のみで、本種は沖縄美ら海水族館で初めて採集された。泥地に岩盤が点在する地形に生息する。交接確認後6日目に全長約25cmの卵塊が確認された。リボンのような平たい卵塊をらせん状に産み付ける。

アカカサゴ

学　名：*Lythrichthys eulabes*
英　名：Red deepwater scorpionfish
沖縄名：—

写真の個体は全長が6cmと小さく、ROVのスラープガンで採集に成功した。成長すると20cmほどになる。摂餌の際に泳ぐことはあるが、それ以外の時はじっと動かない。近年、分類学的な研究が進められ、これまで一種とされていたアカカサゴに別種が含まれていることが明らかになった。

ヒメダイ

学　名：*Pristipomoides sieboldii*
英　名：Lavender jobfish
沖縄名：クルキンマチ

沖縄では「クルキンマチ」と呼ばれ、沖縄県民には馴染みの食用魚である。採集直後は、「お姫さま」がイメージ出来るほど、非常に美しい体色をしている。水圧変化の影響を受けやすく、飼育が安定するまでは安心できない。沖縄美ら海水族館ではヒメダイの長期飼育に成功し、水槽内での繁殖行動の観察や初期発生の形態解明を行っている。

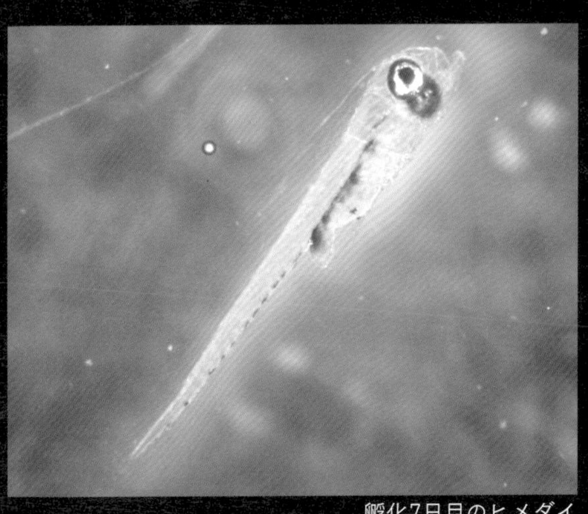
孵化7日目のヒメダイ

シマアオダイ

学　名：*Paracaesio kusakarii*
英　名：Saddle-back snapper
沖縄名：シルシチュー

食用となる「マチ類」のひとつである。近縁のアオダイと比較すると、漁獲量が非常に少なく、沖縄美ら海水族館でもこれまで数個体が飼育されているのみである。背側にある横縞が特徴で、くっきりとした模様が美しい。

ミナミヒシダイ

学　名：*Antigonia rubicunda*
英　名：Rosy deepsea boarfish
沖縄名：—

国内で知られる3種のヒシダイ類の中でも最も小型で珍しい。成長しても全長は10㎝に満たない。2021年7月にROVのスラープガンで沖縄美ら海水族館初となる採集に成功した。採集直後は全長が500円玉ほどであったが、1年以上飼育した結果、5㎝以上に成長した。縄張り意識が強いため、大きな水槽で飼育することで2個体同時に展示することに成功した。興奮すると体側にまだら模様が出てくる（右上）。

ヒメソコホウボウ

学　名：*Pterygotrigla multipunctata*

英　名：—

沖縄名：—

1983年に土佐湾から報告されて以降、ほとんど確認されていない希少種。頭部の棘や胸ビレの模様などが特徴。本個体は、2023年2月にROVのスラープガンを使用し、沖縄本島沖の水深230mから採集された。飼育下では胸ビレを大きく広げ、指状鰭条（しじょうきじょう）を使って歩くように移動する様子や、砂に潜るような行動が観察された。

ゴイシウマヅラハギ

学　名：*Thamnaconus tesselatus*

英　名：—

沖縄名：—

体に碁石模様のような小さな斑紋があるウマヅラハギの仲間。急激な圧力の変化に弱いため、加圧水槽で治療した末に、沖縄美ら海水族館での初展示に成功した。

アズマハナダイ

学　名：*Plectranthias azumanus*
英　名：Eastern flower porgy
沖縄名：—

白い体に赤色の横縞模様が美しいイズハナダイの仲間。岩場の近くでじっとしていることが多く、同居しているシロサンゴの陰に隠れている様子も観察されている。

ハナフエダイ

学　名：*Pristipomoides argyrogrammicus*
英　名：Ornate jobfish
沖縄名：フカヤービタロー

岩場に生息する色鮮やかなフエダイの仲間。沖縄でフエダイ類は大きく2つの呼び名があり、「〜マチ」または「ビタロー」と呼ばれる。明確な違いは不明だが、体高が低いと「マチ」で、体高が高いと「ビタロー」と呼ばれるようだ。本種は、フカヤービタロー（深い海にすむビタローの意）と呼ばれている。

ウスハナフエダイ

学　名：*Pristipomoides amoenus*
英　名：Pale ornate jobfish
沖縄名：—

これまでハナフエダイと混同されてきたが、近年の研究で別種と判明し、新たに和名が提唱された。名前の通り色がやや薄く、生息環境の違いもあるようだ。本種は砂泥底を好み、前種は岩場を好む。

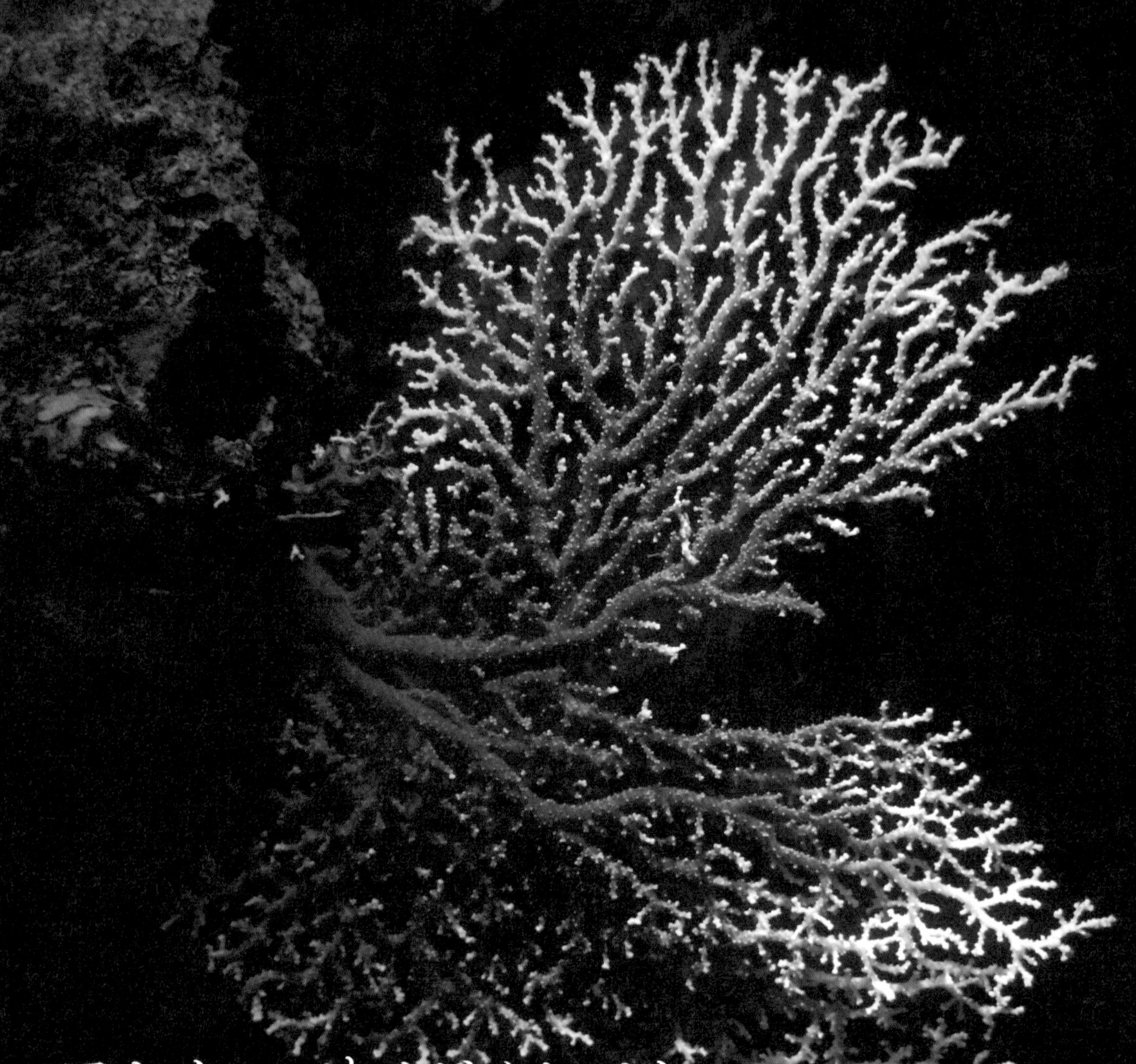

アカサンゴとイグチケボリ

学　名：*Corallium japonicum/Margovula pyriformis*

英　名：Precious coral

沖縄名：―

アカサンゴ（左、右上）

宝石サンゴとして高値で扱われる赤く硬い骨軸は、1年間に直径0.3－0.5㎜という、非常にゆっくりとした速度で形成される。現在は乱獲によりその数を減らし、大型の群体はほとんど見られなくなった。

イグチケボリ（右下）

アカサンゴの共肉を餌にする小さな巻貝。アカサンゴにとっても、担当飼育員にとっても厄介な存在である。

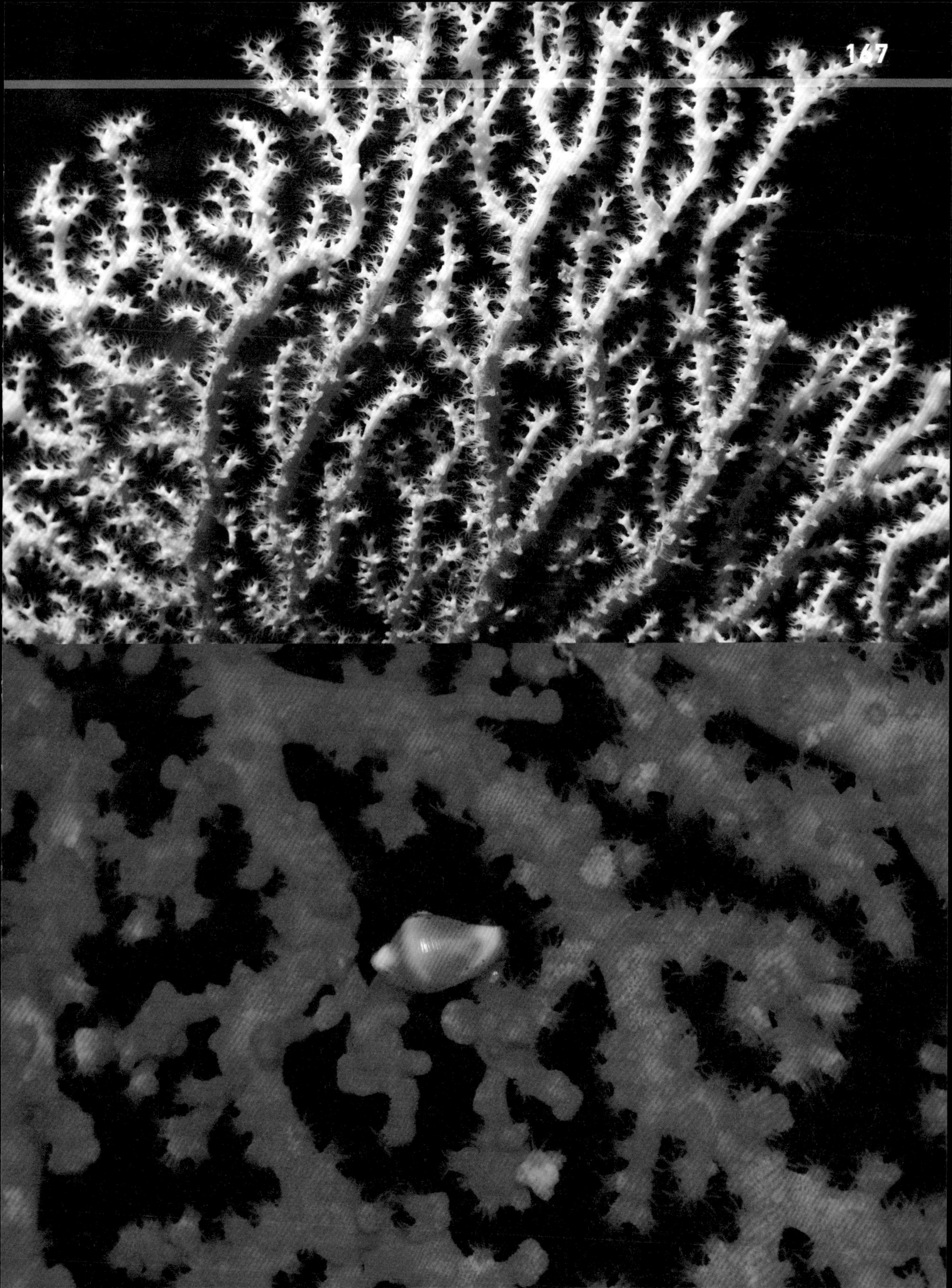

コシダカオキナエビス

学　名：*Mikadotrochus salmianus*
英　名：Salmiana slit shell
沖縄名：──

入手が困難なことやその美しさから、貝のコレクターに人気が高い巻貝。現在は潜水艇の発達などによりその採集は格段に容易となったが、水深200m以深に生息するため、依然として高嶺の花であることに違いはない。海綿動物を餌とする特殊な食性を持つ。

バラススズキ

学　名：*Liopropoma aragai*
英　名：—
沖縄名：—

岩礁域に暮らすハナスズキ属の一種。尾ビレ外縁に沿って黄色いラインがあるのが特徴。飼育下において雌雄が寄り添って遊泳する様子が観察された（下）。その後、受精卵から得られた仔魚を7日間育成した。仔魚の背ビレは一部が著しく伸長しており、浮力を得るための形態と推測される。さらに、この長いヒレを自切することがあり、外敵から身を守るための「トカゲのしっぽ」のような役割があるのかもしれない。

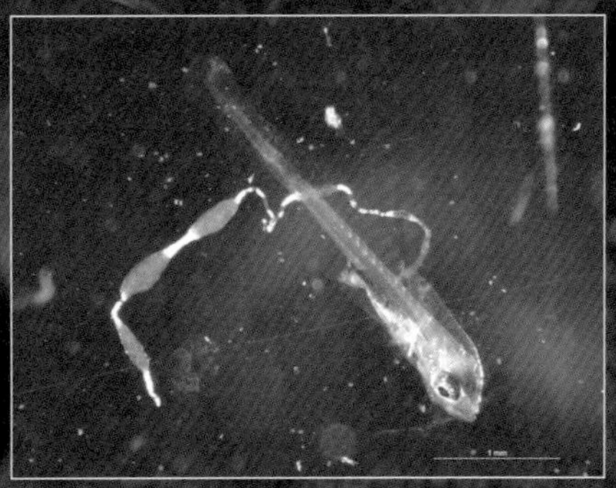

孵化7日目のバラススズキ

トワイライトゾーンに生きる浮遊生物調査中!

トワイライトゾーンの生物には、誕生から間もない一時期を表層で浮遊生活するものが数多く存在する。海の表層は捕食者に狙われやすく、海流や風に身を任せて移動することになる。そこで彼らは、銀色や透明な体を獲得し、水の中で“見えにくくなること”で巧みに捕食者から身を隠している。それゆえ、私たち人間が視覚に頼って昼間にそれらの姿を探すことは困難を極める。しかし、夜間に海へ潜って水中ライトを照らすことで、影や反射によって生物の輪郭が強調され、日中には気づかなかった幼魚や幼生など、おびただしい数の生物が浮遊していることに気づく。時には、潮流や風によって数えきれないほどのクラゲのような生物が流れてくることもある。浮遊しながら形態を変え、触手を伸ばして捕食する管クラゲの仲間、光を反射して虹色に輝くクシクラゲの仲間、ライトに向かって勢いよく遊泳するサルパの仲間など、夜の海はとても賑やかだ。

その中には、クラゲやサルパ・ホヤなどに共生する生物も暮らしている。「クラゲライダー」と呼ばれるウチワエビのフィロゾーマ幼生はクラゲを食べて成長し、数か月後には水深300mほどの海底に着底すると考えられている。また、深海魚の代名詞ともいえるリュウグウノツカイやフリソデウオの幼魚は長いヒレを持ち、その姿は触手を伸ばした管クラゲに擬態しているようにも見える。彼らは、素早く泳いで逃げることはできないが、毒をもつクラゲに紛れて暮らすことに身を護る術を見いだしたのだろう。

沖縄美ら海水族館の浮遊生物調査は、近年始まったばかりだ。当館では、環境DNA分析法*などによる最新の手法を用いた調査から、様々な浮遊生物の飼育実験まで、多様な手法を駆使しながら、トワイライトゾーンに生きる生物の謎を解明していきたいと考えている。今後、世界中の人々を驚かせる様々な発見があることを確信している。（金子　篤史）

＊＝環境DNA分析法：生物の粘液や皮膚・排泄物などとともに環境中へ放出されたDNA断片を、「環境DNA」という。その微量な環境DNAをフィルター等で採取し、生物に固有な配列を選択的に増幅・読み取ることで、生物の種類が分かる。この技術を使えば、その海域に生息する多くの生物種を短期間で推定することができる。沖縄美ら海水族館では、2015年に千葉県立中央博物館の宮正樹博士らと共同で、世界で初めて「環境DNAから魚種を網羅的に判定できる技術」を開発し、その性能を水族館の飼育水槽で検証、学術論文として発表した。

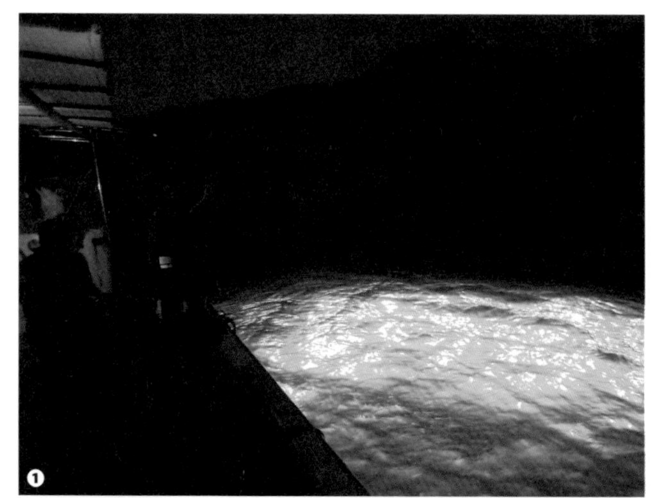

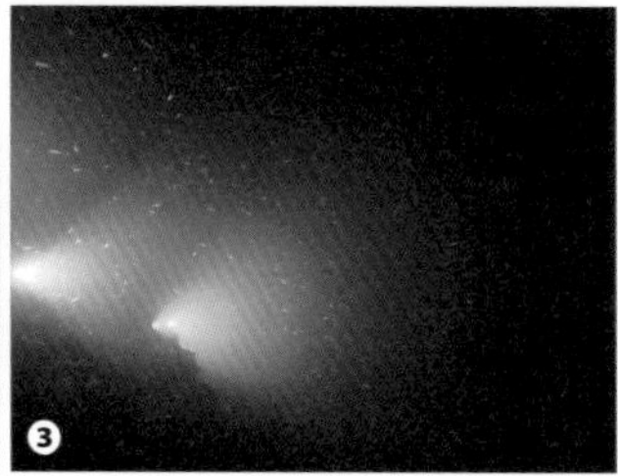

❶日没を迎え、地元の漁業者とダイバーの協力によってライトを設置する。サンゴが発達する複雑な地形ではわずかな位置の違いで激しい潮流を受ける場合があり、慎重にポイントを決定する。
❷海底に固定したライトに照らされるクラゲ（ウミコップ属）の仲間。日中では見逃してしまう透明な生物もライトによって観察しやすくなる。刻々と変化する潮や風の影響によって多様な生物に遭遇することができる。
❸深場へと続く斜面に設置したライトにはすぐに無数のプランクトンや幼魚の群れが集まってくる。そのほとんどは浅海性の生物であるが時にはめったに出会うことのないトワイライトゾーンの生物も出現する。

ネギボウズクラゲ

学名：*Forskalia tholoides*

英名：—

管クラゲの仲間。1個体に見えるがいくつもの個虫が集まった群体であり、各個虫がそれぞれ遊泳や消化、生殖などの機能を担っている。捕食時には遊泳を止め、縮めていた触手を伸ばし、獲物を待つ。

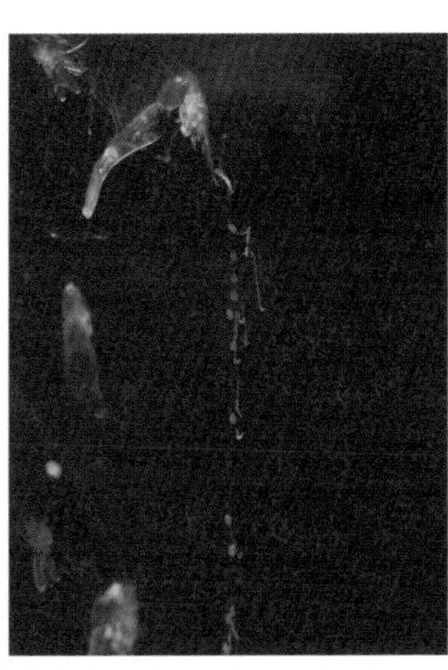
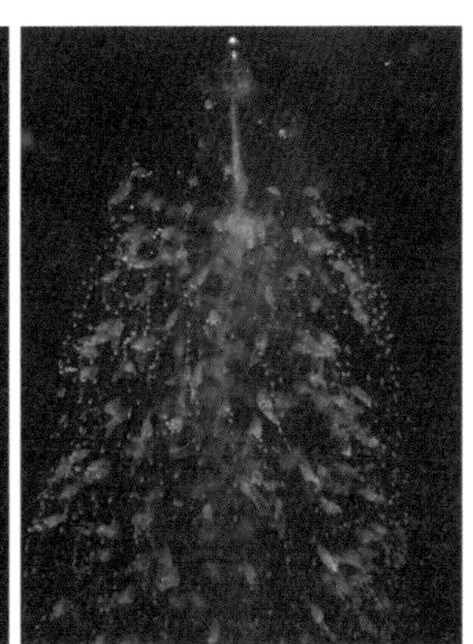

リュウグウノツカイ

学名：*Regalecus russelii*

英名：Oarfish

全長3mを超える大型の深海魚。幼魚がクラゲなどに紛れて表層付近を浮遊する姿が観察されている。長く伸びた赤いヒレは管クラゲの触手にも見える。

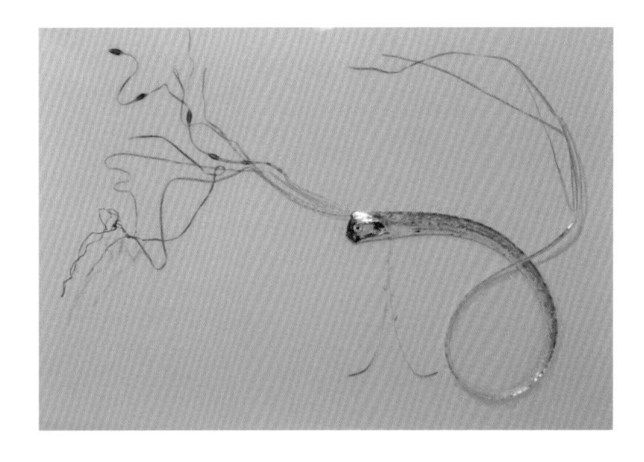

イトヒキイワシ属の一種

学名：*Bathypterois* sp.

英名：—

7cmほどのカラフルな魚はイトヒキイワシ属の幼魚。成魚は腹ビレと尾ビレの先端だけを海底に接して静止しており、その姿から「三脚魚」と呼ばれる。長い胸ビレをアンテナのように広げて流れてくるプランクトンなどを待ち受ける。非常に特殊な生態をもつ深海魚であるが、生きた姿が見られることはほとんどない。水深5mに設置したライトに向かって遊泳する姿を思い出すと今でも興奮で手が震える。

ウチワエビのフィロゾーマ幼生

学名：*Ibacus novemdentatus*

英名：Smooth fan lobster

その名の通り平べったい体をしたエビの仲間で、成体は水深300m付近の砂泥底に生息する。幼生はフィロゾーマ幼生と呼ばれる透明な姿で浮遊期を過ごす。エサとなるクラゲにつかまり浮遊することから「クラゲライダー」の異名を持つ。

トワイライトゾーンの海底で未知との遭遇!?

ROVで広大な泥地が延々と続く、水深200m付近の海底を探索していた時のことである。ふと違和感を覚えた先を注視してみると、地球外生命体を思わせる未知の物体がそこにあった。

その大きさは直径わずか2㎝ほど。何もない泥底だからこそ何とか見つけられたものの、生物であるかどうかも判然としない姿をしている。目を凝らしてじっくり観察してみると、その体は潮流にあわせて小刻みに震えている。

その後の調べで、この謎の生命体は刺胞動物の仲間である“ヒノマルクラゲ科の一種”であることが判明した。ヒノマルクラゲの仲間は底生性で、体から数本の触手を伸ばして海底に体を固定している。体の上部には気泡体と呼ばれる器官を持ち、この気泡体の浮力によって、海底から数十cmの高さに体を浮遊させているようである。たくさんの個虫が集まってできた群体性の生物で、個虫それぞれが各自の役割を果たし、あたかもひとつの生物のように振る舞っている。

この特異な生態と形態を持つヒノマルクラゲの仲間は、2018年に数回確認したのみだ。その後の調査でも目を凝らして捜索を続けているが、未だ再会は果たせていない。

（東地　拓生）

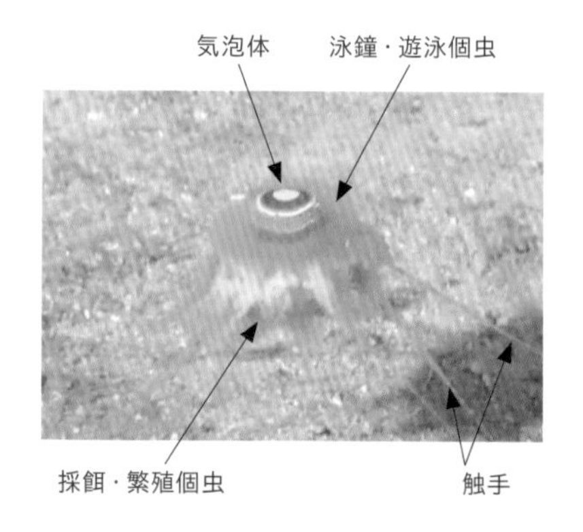

およそ水深 300m

カスミサクラダイ

学　名：*Plectranthias japonicus*
英　名：Japanese perchlet
沖縄名：—

沖縄美ら海水族館のROV調査により、水深350m付近の泥底に単独で生息する姿が数回確認されている。近づくと、泥に頭部を隠すような行動も観察された。水槽内ではほとんど遊泳せず、じっとしている。和名に「サクラダイ」とついているが、イズハナダイの仲間。成長すると全長20㎝ほどになる。

【個体登録番号】OCF-P 10511

トゲハナスズキ

学　名：*Liopropoma japonicum*

英　名：Spotlined bass

沖縄名：—

岩礁域に生息する小型のハタの仲間。本種を含むハナスズキ属は、希少で色鮮やかなことから世界中のマリンアクアリストに人気がある。本種を見るために沖縄美ら海水族館を訪れる人もいるようだ。

アマミハナダイ

学　名：*Plectranthias yamakawai*

英　名：—

沖縄名：—

海底で動きを止め、ひたすら餌を待つ底生魚。体を動かさずに獲物を探すためか、眼の可動域がとても広く、両眼をほぼ真上に向けることができる。

孵化10日目のアマミハナダイ

ボロサクラダイ

学　名：*Odontanthias rhodopeplus*
英　名：—
沖縄名：—

ピンクの体に白い斑点が美しい。成長するとオスは全長20cmを超える。沖縄美ら海水族館で3年飼育した個体が産卵し、受精卵を得ることができた。

ミハラハナダイ

学　名：*Giganthias immaculatus*

英　名：—

沖縄名：—

ピンクと黄色の体色が映え、全長30㎝を超える大型種。下顎の前方には円錐状の歯が密集し、口を閉じても露出する。オスはメスよりも大型で、下顎歯も大きく目立つ傾向がある。局所的に生息するようで、きわめて希少。

ヒシダイ

学　名：*Antigonia capros*
英　名：Deepbody boarfish
沖縄名：──

文字通り、体の形がひし形をしていることが和名の由来。複数個体で飼育していると体色を変化させ、クルクルと追いかけあう様子が観察された（右）が、繁殖行動か闘争なのかはいまだ明らかではない。水圧変化の影響を受けやすく、飼育が困難な種であるため、加圧水槽で長時間かけて減圧し、ようやく展示に成功した。

オオクチハマダイ

学　名：*Etelis radiosus*
英　名：Pale snapper
沖縄名：—

ハマダイによく似ているが、尾ビレの先端はあまり伸長せず、ハマダイより口が大きいのが特徴。最大全長は60㎝を超える。漁業でも漁獲数は少ない。加圧水槽による慎重な飼育により長期飼育に成功した。水槽内で力強く遊泳する姿が観察できる。

ハマダイ

学　名：*Etelis coruscans*
英　名：Deepwater longtail red snapper/Flame snapper
沖縄名：アカマチ

沖縄では3大高級魚の一種として知られる。野外では尾ビレが伸長した全長1mを超える個体が確認されている。沖縄県の水産重要種であるため、沖縄美ら海水族館開館当時から水槽内繁殖を目指しており、それぞれの個体管理を行っている。水族館で長期飼育している個体は、年間約3cmほど成長しているが、成熟サイズ70cm（尾叉長）にはなかなか到達しない。成長は非常に遅いと思われる。

ハチジョウアカムツ

学　名：*Etelis carbunculus*
英　名：Deep-water red snapper/Ruby snapper
沖縄名：ヒラマチ、ヒーランマチ

ムツの仲間ではなく、ハマダイと同じフエダイの仲間。沖縄では食用で親しまれているが、漁獲量はハマダイより少ない。尾ビレ下葉の先端が白いのが特徴。餌への反応が非常に良く、同属のハマダイと比べて成長が早い。

チカメキントキ

学　名：*Cookeolus japonicus*
英　名：Longfinned bullseye
沖縄名：ヒーチ

沖縄では「ヒーチ」という方言名で親しまれる高級魚。水槽内ではゆったりと遊泳するが、餌が近づくと下から狙って大きな口でパクっと食べる。腹ビレが大きく、美しい。

マハタモドキ

学　名：*Hyporthodus octofasciatus*
英　名：Eightbar grouper
沖縄名：―

岩場に生息するハタの仲間。画像の個体（上）は全長20cm、体重0.1kgから飼育を開始し、10年で全長85cm、体重10kg（推定）へと成長した（下）。過去には地元の漁業者が全長約2m、体重135kgの個体を釣り上げた記録がある。

カザリイソギンチャク属の一種

学　名：*Alicia* sp.

英　名：──

沖縄名：──

日中は生き物かどうかすら定かでない姿をしているが、夜間になると体や触手を伸ばし、その風貌は豹変する。光刺激に敏感で、ライトで照らすと瞬時に触手を縮め、その美しい姿を隠してしまう。

コヤナギウミウシ科の一種

学　名：Proctonotidae sp.

英　名：──

沖縄名：──

深海に生息するウミウシの仲間。背側突起は半透明で、先端付近が橙色を帯び、先端が白色で細く尖る。外的刺激が加わると、体の房状突起を切り離すため、繊細な取り扱いが必要な種である。沖縄美ら海水族館での採集記録は1度のみで、新種の可能性が高い稀種である。

ワグエビ属の一種

学　名：*Palinustus* sp.
英　名：Japanese blunthorn lobster
沖縄名：—

これまでの深海調査で、たった一度しか採集されていない希少種。警戒心が強く、岩礁の奥など、暗い場所に身を隠すことを好む。長い触角は、身を隠しながら周囲を探るセンサーとして役立つのであろう。当初、触角の一部が折れていたが、現在は脱皮を経て再生している。

タイワンリョウマエビ

学　名：*Nupalirus chani*
英　名：Small furrow lobster
沖縄名：──

長い第2触角の基部に鳴音器（めいおんき）があり、ギィギィと音を鳴らすことができる。ROV調査で、がれ地周辺を移動する姿や、岩礁の陰に身を隠す姿が確認されている。警戒心が強く採集されることはほとんどないが、過去20年の深海調査でたった1度だけ採集された個体が、10数年の時を経た現在も展示されている。

ミナミアカザエビ

学　名：*Metanephrops thomsoni*
英　名：Red-banded lobster
沖縄名：──

泥底に巣穴を作り、その周辺で活動する。水槽内では常に体の一部を巣穴に隠し、じっとしていることが多い。一見ただじっとしているだけのように見えるが、じっくり観察すると、細かなブラシ状の毛が生えた脚で、体表についたゴミなどを掃除していることが多い。

ナガタチカマス

学　名：*Thyrsitoides marleyi*
英　名：Black snoek
沖縄名：ナガンジャー

岩礁域に生息し、最大で2m近くになる大物。銀色の体はまさに太刀のようだ。鋭い歯で簡単に釣り糸をかみ切ってしまうため、地元の漁業者からナワキリと呼ばれている。

オキナワオオタチ

学　名：*Trichiurus sp.*

英　名：—

沖縄名：—

深海性のタチウオの仲間で、全長2m近くまで成長する。タチウオの仲間はウロコを持たないため、非常に擦り傷に弱く、とてもデリケートで、水槽内にシートを張るなどの工夫が必要。確実に獲物を捕らえるための鋭い歯を持ち、餌に勢いよく襲い掛かる様子が観察された。沖縄美ら海水族館では採集や輸送方法について試行錯誤を重ね、2016年に世界で初めて飼育展示に成功した。

ウッカリカサゴ

学　名：*Sebastiscus tertius*

英　名：──

沖縄名：──

台湾から大陸棚－北海道まで分布が確認されているが、沖縄本島沿岸部では見られない。写真の個体は東シナ海の大陸棚調査で得られた個体。黒潮の海流に阻まれ、沖縄諸島には分布を広げられない種（黒潮障壁）のひとつと考えられる。

チュラウミカワリギンチャク

学　名：*Synactinernus churaumi*
英　名：Churaumi actinernid sea anemone
沖縄名：—

岩礁の頂上付近など、潮流の豊かな場所に大きな群落をつくる。潮流になびくしなやかな触手は300－400本あり、細かな有機物を効率良く集めることができる。2019年に沖縄美ら海水族館の名前を冠した新種として発表された。

ホクロキンチャクフグ

学　名：*Canthigaster inframacula*
英　名：—
沖縄名：—

沖縄の水深320m付近を調査中、ROVのスラープガンで採集に成功。身に危険が迫ると体を膨らませる様子が観察されている。毒の有無など詳しい生態は明らかになっていない。小さな口で、餌をついばんで食べる姿を見るたびに、私たちの心が癒される。

【個体登録番号】OCF-P 10545

ハナアマダイ

学　名：*Branchiostegus okinawaensis*
英　名：Okinawan tilefish
沖縄名：アマミー

琉球列島固有種とされるアマダイの仲間。行動範囲が狭く、居場所から移動することがほとんどない。餌の時だけ2mほど出歩く程度だ。3年間で一度だけ居場所を離れたことがあったが、数日後には戻り、現在もそこに棲みついている。

下顎から生えた長いヒゲと2対の指状鰭状

オニキホウボウ

学　名：*Gargariscus prionocephalus*
英　名：Jaggedhead gurnard
沖縄名：──

長年、標本でしか見ることが出来なかった稀種。現在、生きた姿を見ることができるのは沖縄美ら海水族館だけ。ROVのマニピュレーターで捕獲できた瞬間は飼育員一同が驚いた。口下のヒゲを地面につけて、餌を探す様子が観察できる。実際の海底でも、泳ぐことより、胸ビレの一部（指状鰭条）を使って歩くほうが得意なようだ。

リュウキュウソコホウボウ

学　名：*Pterygotrigla ryukyuensis*
英　名：Ryukyu gurnard
沖縄名：──

南日本からオーストラリア北西沖にかけて広く分布するホウボウの仲間。沖縄では水深350m付近の泥地に生息する。胸ビレの一部（指状鰭条）を使いゆっくり海底を歩くことができる。ROVに手網を装備し、採集することに成功した。水槽内でなかなか餌付かず苦戦していたが、約4か月後にようやくクモヒトデを捕食した。

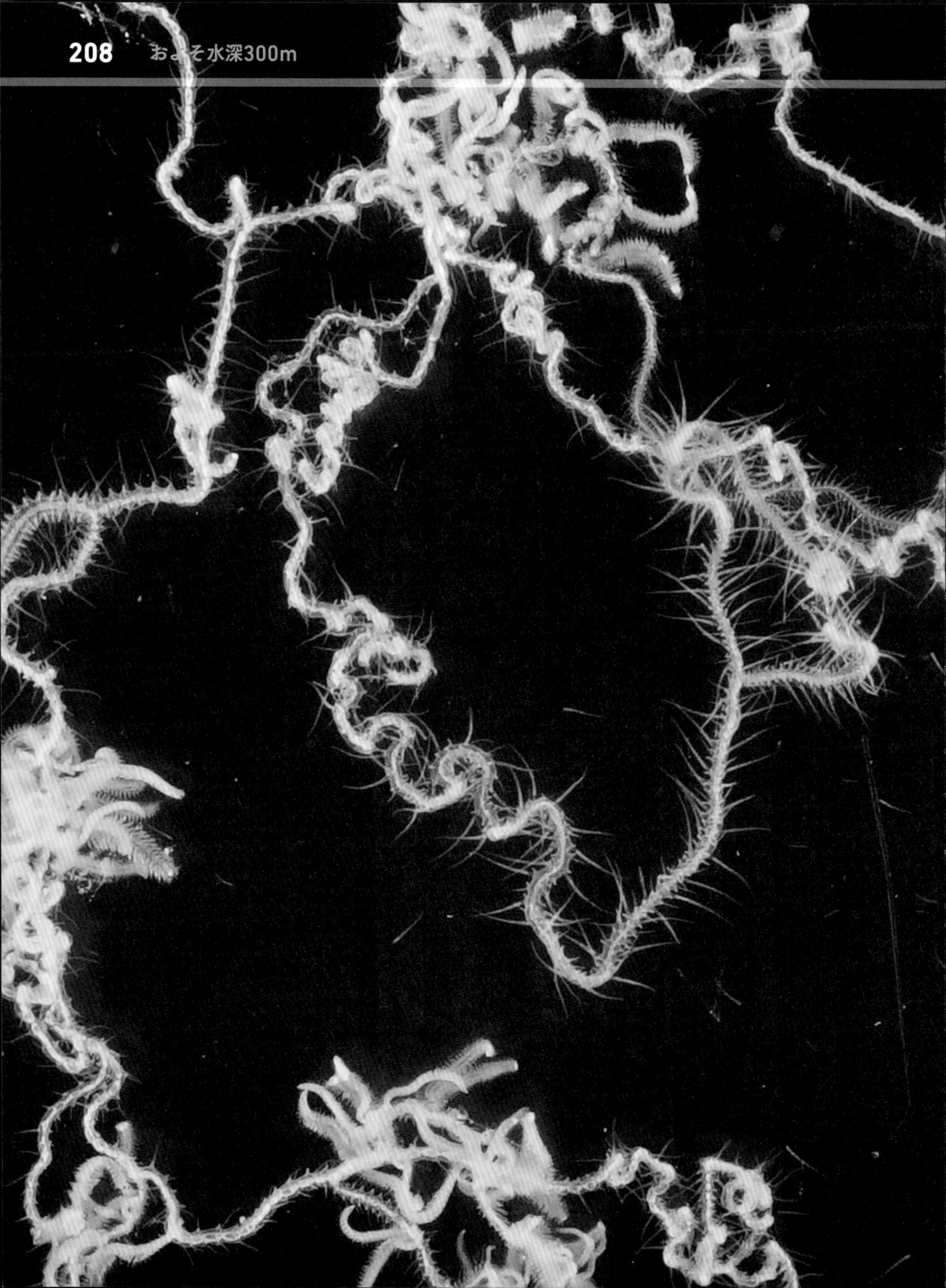

カラクサシリス

学　名：*Syllis ramosa*

英　名：──

沖縄名：──

何がどうなっているのかよく分からないもじゃもじゃの正体は、カイメン内部に生息するゴカイの仲間。複数いるように見えるが1個体で、頭部はひとつのみ。尾部が無数に枝分かれし、唐草模様に見えることが和名の由来となった。本体から出芽する太く短い有性芽は、成長すると親から離れて遊泳し、有性生殖を行う。2万種以上に及ぶゴカイ類の中でも、体が枝分かれする種は、本種を含め3種のみが知られる。

ノコギリザメ

学　名：*Pristiophorus japonicus*
英　名：Japanese sawshark
沖縄名：—

餌が近づくと吻部を一瞬で振りかざし、餌生物をたたき落とし、抑え込んで食べる姿が観察されている。2014年と2017年に世界で初めて水槽内繁殖に成功し、親子・兄弟で展示されている。35㎝で生まれた仔ザメ（左）は約5年で親と同じ成熟サイズとなった。

母ザメの子宮内を傷つけないよう、仔ザメの吻部のトゲは生まれて約24時間後に立ち上がる。

2019年に撮影された母ザメ（中央）と2014年生まれ（右）、2017年生まれ（左）の仔ザメたち。

ツマリツノザメ

学　名：*Squalus brevirostris*
英　名：Shortnose dogfish
沖縄名：トゲサバ

吻先の長さが短い（＝寸がつまる）ことから和名がついた。ツノザメの仲間の中では小型で全長40cmほど。卵黄依存型の胎生種であり、水槽内では1回の出産で4－6匹の仔ザメを産む姿が確認された。長期飼育は非常に難しいが、メスは現在も安定して飼育できており、飼育歴3年目を更新中である。

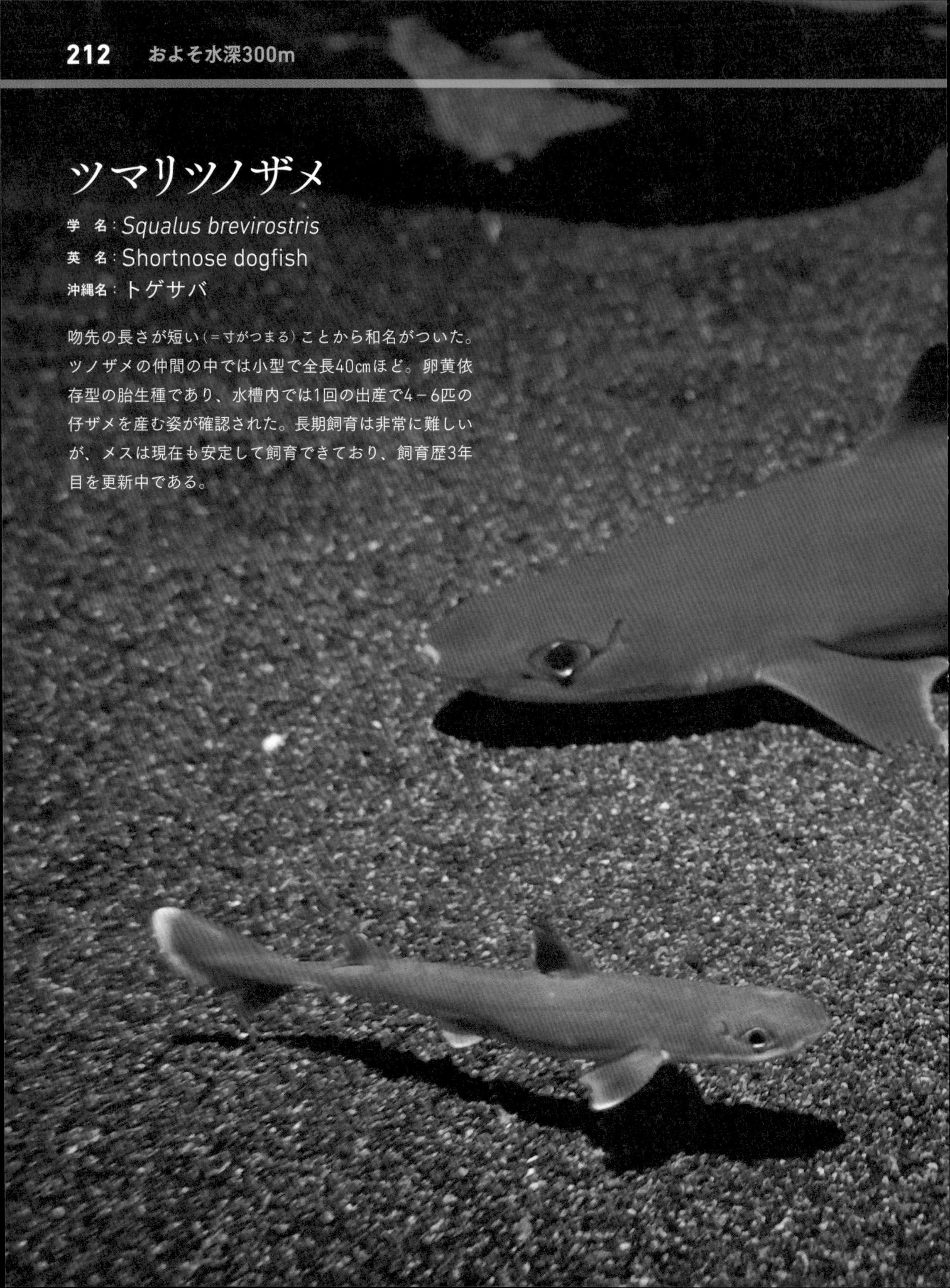

ヤモリザメ

学　名：*Galeus eastmani*
英　名：Gecko catshark
沖縄名：—

ヤモリザメの和名は、は虫類のヤモリに似た顔つきをしていることに由来し、英名でもGecko catsharkという。ヤモリザメ属は、尾ビレの背側に大きな変形した楯鱗（じゅんりん）が縁取るように配列するのが特徴で、その機能はよく分かっていない。

サキワレテヅルモヅル

学　名：*Astroclon propugnatoris*

英　名：—

沖縄名：—

枯れたサンゴの枝などにつかまり、主に夜間、分岐した腕先をクモの巣のように広げ、流れてくるプランクトンなどを待ち構える。テヅルモヅル類の中では大型となる種で、腕を広げた大きさは40cmを超える。

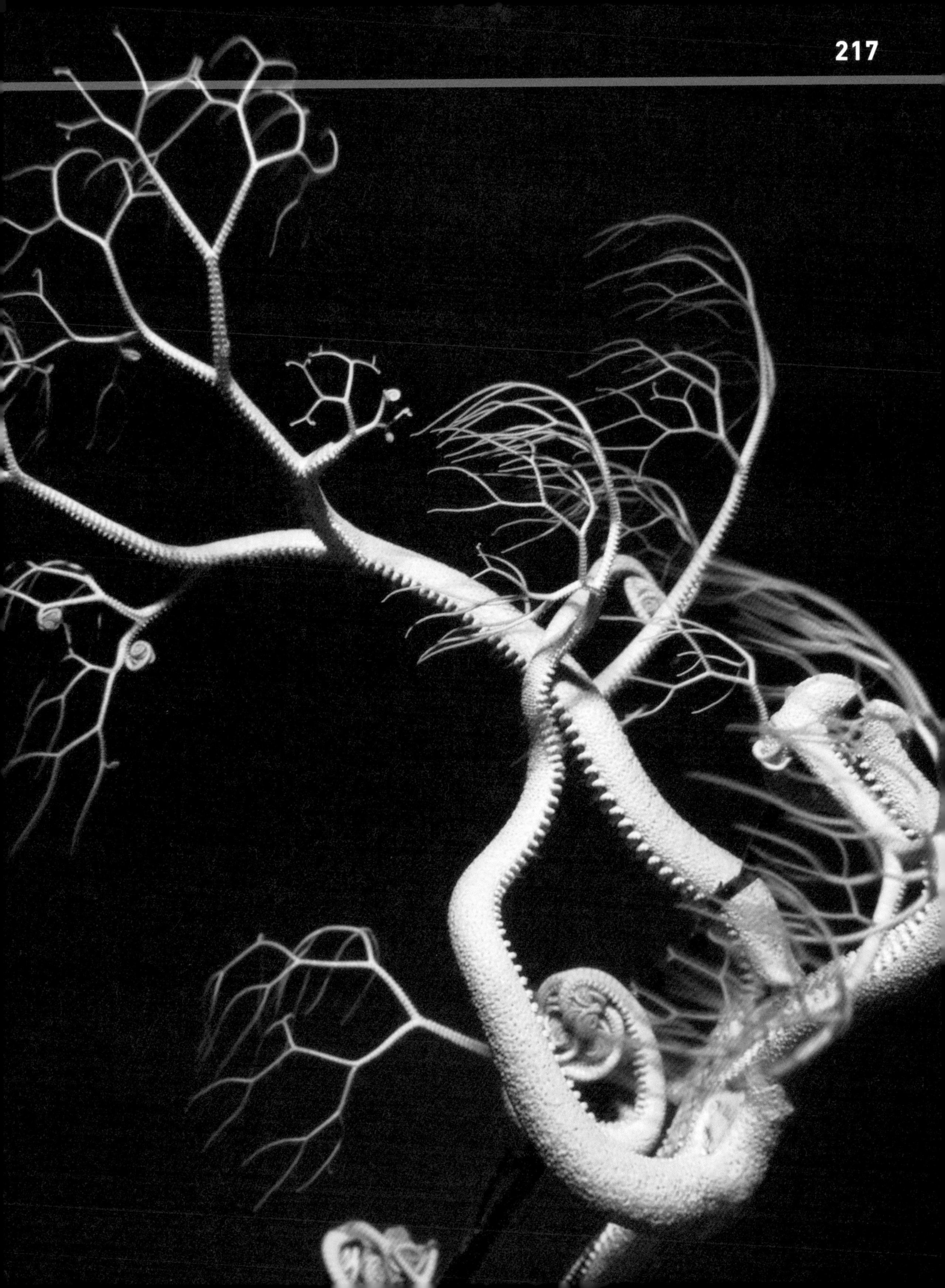

ハナビラウオ

学　名：*Psenes pellucidus*
英　名：Bluefin driftfish
沖縄名：──

幼魚は浮遊生活を送り、成長とともに深海へと生息環境を変える。沖縄美ら海水族館の飼育観察では全長10㎝に満たない幼魚がおよそ4か月で30㎝を超えるサイズへと成長し、透明だった体色も黒色に変化した。深海へ生息環境を移行するための適応だと思われる。

サメハダホウズキイカ科の一種

学　名：Cranchiidae sp.

英　名：Glass squid

沖縄名：──

内臓の一部と眼以外、体はほとんど透明であり、浮遊生物の中で最も発見が困難な生物のひとつ。体の姿勢を変えても内臓は茶柱のごとく常に縦になるよう保たれる。内臓の影を極限まで消し、外敵から身を隠すための工夫と考えられている。

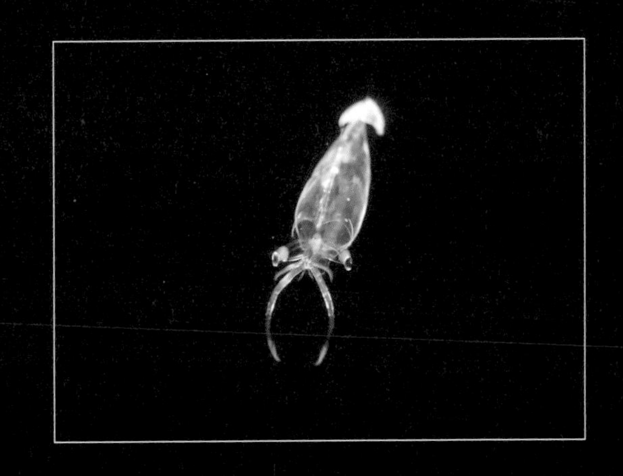

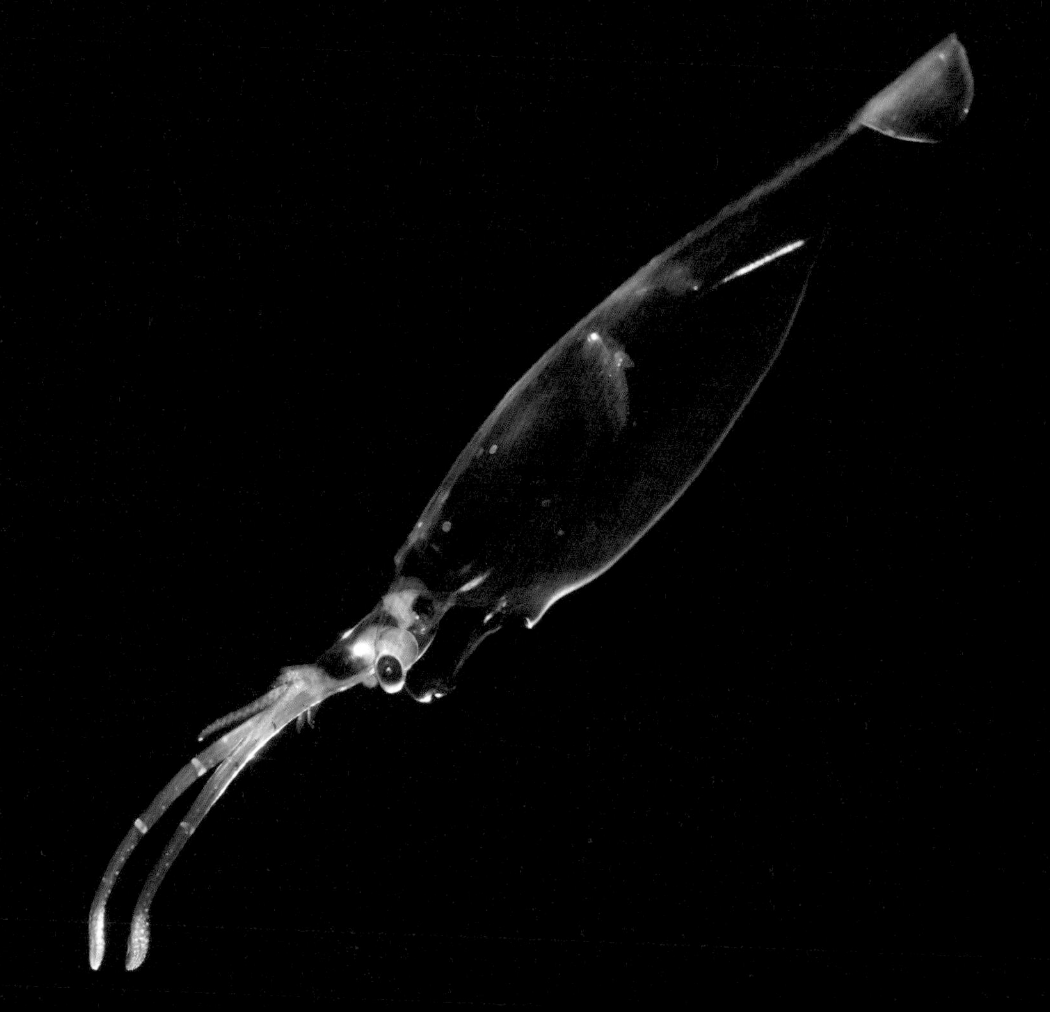

フリソデウオ属の一種

学　名：*Desmodema* sp.

英　名：Ribbonfish

沖縄名：—

リュウグウノツカイと同様、幼魚期にクラゲやサルパが流れてくる潮に出現することが多い。巨大なヒレは遊泳には適さず、パラシュートのように抵抗を受けて浮遊するのに有利だと考えられる。

シマガツオ属の一種

学　名：*Brama* sp.
英　名：Pacific pomfret
沖縄名：―

成魚は全長20cmほどで薄い体と大きな胸ビレが特徴。日中は深場で暮らし、夜間に中層へと鉛直移動する種類と考えられる。全長約1㎝の幼魚を飼育した結果、5か月後には成熟した卵巣を持つ成魚へと成長することが判明した。

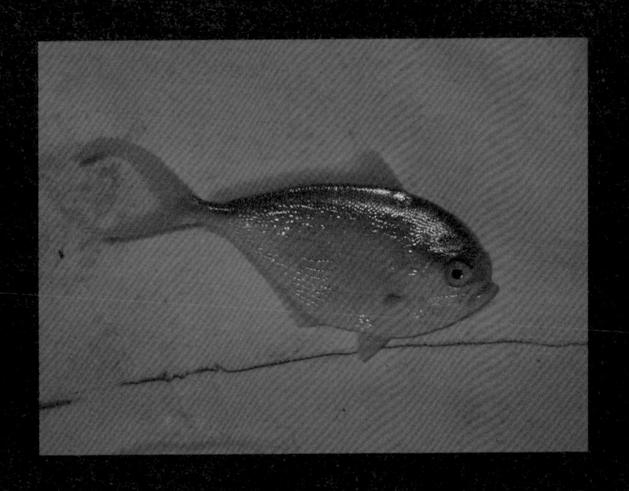

世界初！
重力式加圧水槽の開発

沖縄美ら海水族館が開館した当時、深海生物（特に魚類）の採集と飼育は綱渡りの毎日が続いていた。沖縄といえども、水深200m以深の海底は低水温、暗闇、高水圧の環境である。表層が高水温で強烈な太陽が照り付ける沖縄では、深海生物を良好な状態で採集することは、非常に困難であることは想像に難くないだろう。

そんな中、私たちは沖縄の海を代表する深層の魚類であるハマダイやナガタチカマスなど、過去に例のない種の生態展示に挑んだ。しかし、深海から釣り上げられた魚類は、急激な減圧による気圧外傷（Barotrauma）を呈し、膨張したガスをシリンジによって吸引するだけでは治癒しない、いわゆる減圧症を克服する必要があった。

そこで考案されたのが、気圧性外傷のほか、体内に残留するガスを加圧により体外に拡散させ、治療する方法であった。これは、ヒトの潜水病やエコノミークラス症候群などの治療にも用いられる手法で、生物を一度高気圧下に収容し、その後徐々に時間をかけて常圧に戻すプロセスで治療を行うものだ。

当時は、JAMSTECが開発したDeep Aquarium Systemのような小型・超高圧の装置が知られていた。この装置は、海底から加圧状態で生物を地上へ持ち帰ることができる一方、高圧であるが故、水槽の大型化や配管の口径に制約があるほか、コンプレッサーによる圧力の振動を吸収する装置が必要とされ、私たちにとっては高価で精密機器と言える代物だった。

そこで、沖縄美ら海水族館では新たな発想により、減圧症を呈する生物の治療のみに特化した大型・低圧の加圧水槽の開発に着手した。新たな加圧水槽は、水の柱がもたらす水圧によって水槽内を加圧するきわめてシンプルな設計で、バルブ操作のみで水槽内を加圧することが可能となっており、万が一停電が発生しても圧力が維持できる。つまり、コンプレッサーの動力によらず、重力のみにより水圧をかけることから「重力式加圧水槽」と命名し、2005年にプロトタイプとなる水量200Lの1号機が完成した。

この装置は比較的低圧とはいえ、気圧外傷や減圧症を治療する十分な効果が得られたことから、同じ水柱にさらに大型の4000L水槽を接続し、大型魚の治療も可能となる改修が行われた。現在、沖縄美ら海水族館の深海コーナーに展示されている魚類は、ほぼ全てがこの重力式加圧水槽によって治療が施され、展示にこぎつけている。この装置の開発は、沖縄美ら海水族館の深海展示を革新的に飛躍させたといえるだろう。

（佐藤　圭一）

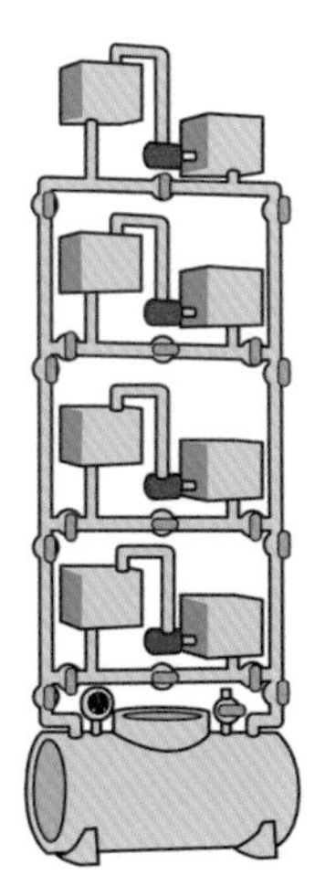

重力式加圧水槽の全体模式図（左）と、魚類を収容する飼育型水槽（右）。本水槽は、水族館の1から4階の各階を2本のパイプでつなぎ、それぞれの階に高架水槽を設けることにより、水位を変えてろ過循環させる仕組みになっている。飼育水槽には、各階の高さ分の水圧がかかる仕組みになっている。

およそ水深 400m

バサラブンブク

学　名：*Heterobrissus niasicus*

英　名：—

沖縄名：—

ブンブクの仲間は砂泥底に潜ることで外敵から隠れるが、本種はその中で、正形類（一般的なウニの仲間）のように頑丈なトゲを持ち、かつ「潜らない」という破天荒（バサラ）な生態・形態を持つ。

トゲハリセンボン

学　名：*Pleistacantha cervicornis*

英　名：——

沖縄名：——

甲や脚の表面に生えた、多数のトゲが和名の由来。トゲは身を守る他、餌を集めるためにも役立つようで、飼育下では、死んだサンゴの枝など高い場所に登り、体表のトゲにかかったプランクトンを食べる姿が観察されている。サンゴの枝上は潮の流れが良いため、餌となるプランクトンを集めやすいのであろう。

体表のトゲにかかったプランクトンを食べる

トゲの数は1000本以上

ソコカナガシラ

学　名：*Lepidotrigla abyssalis*
英　名：Abyssal searobin
沖縄名：—

新潟から東シナ海、台湾などの大陸棚縁辺にかけて広く分布するホウボウの仲間。沖縄では水深400m付近に生息する。ホウボウ科の仲間は大きな胸ビレをもち、内面に綺麗な体色を持つものが多いが、本種の胸ビレはウグイス色をしているのが特徴（右下）。夜な夜な砂に胸ビレ辺りまで潜る様子が観察された。

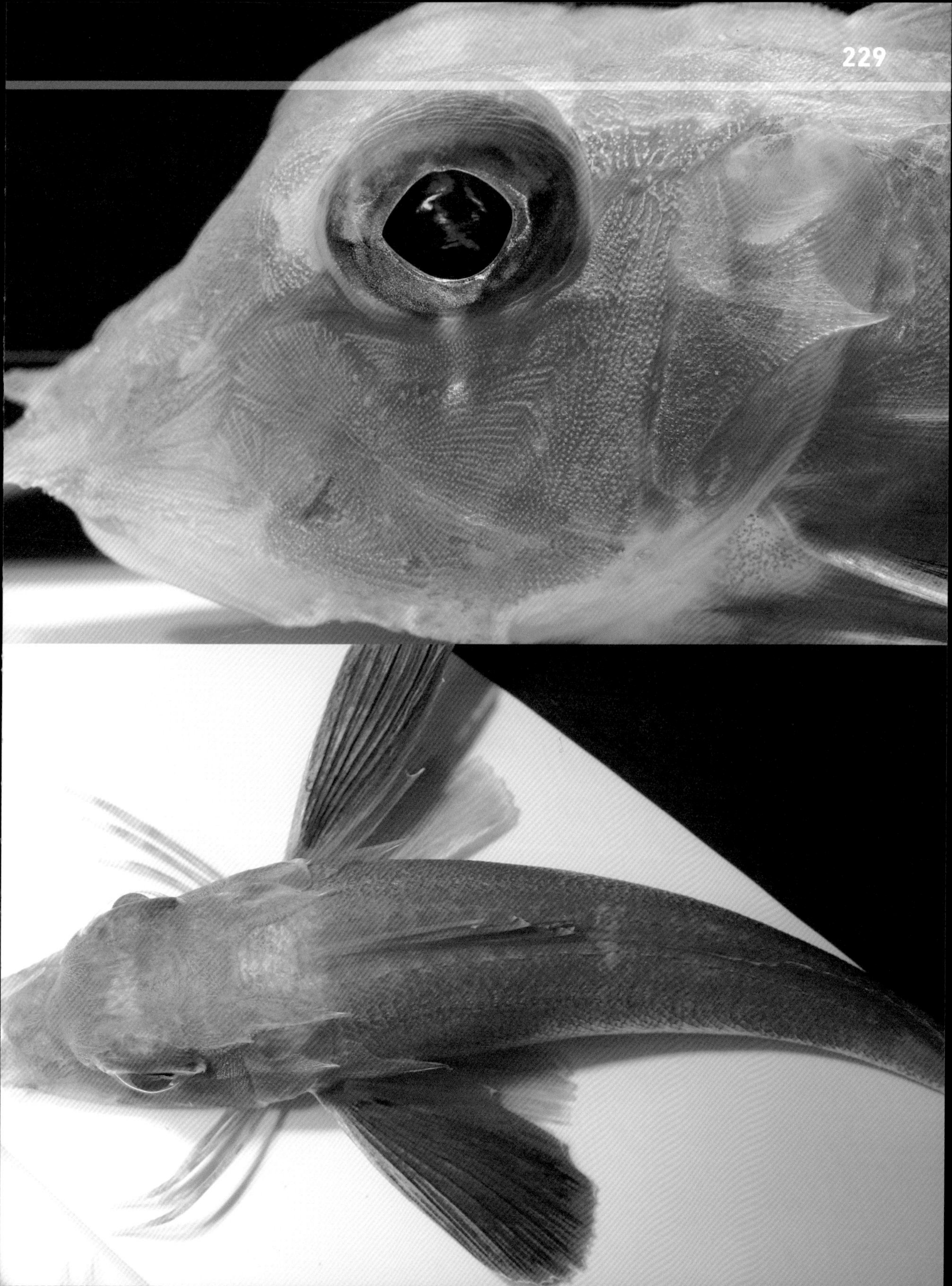

イボガニ

学　名：*Oxypleurodon stimpsoni*

英　名：──

沖縄名：──

甲らの凸凹が発達し、人の顔のように見える。ROV調査や飼育下における観察では、常にウニと行動を共にする姿が観察された。周囲を遮るものが少ない泥底で、ウニを用心棒として危機を乗り越えているのであろう。

カノコユメオキヤドカリ

学 名：*Paragiopagurus boletifer*

英 名：──

沖縄名：──

赤い帽子に見えるものは、ヤドカリが貝殻に付着させたイソギンチャクの仲間。イソギンチャクの付着場所はどこでも良いというわけではないらしく、常に写真の位置でキープされている。

トゲモアナモヅル

学　名：*Asteroporpa muricatopatella*

英　名：──

沖縄名：──

盤の直径が5㎜ほどの小さな生き物で、海底のサンゴなどに腕を巻き付け体を固定する。流れて来る餌を待ち構えるポーズには人の目を惹きつける魅力がある。この仲間は種を同定するのが難しく、顕微鏡で体表の細かな構造を観察するなど、繊細な作業が必要となる。

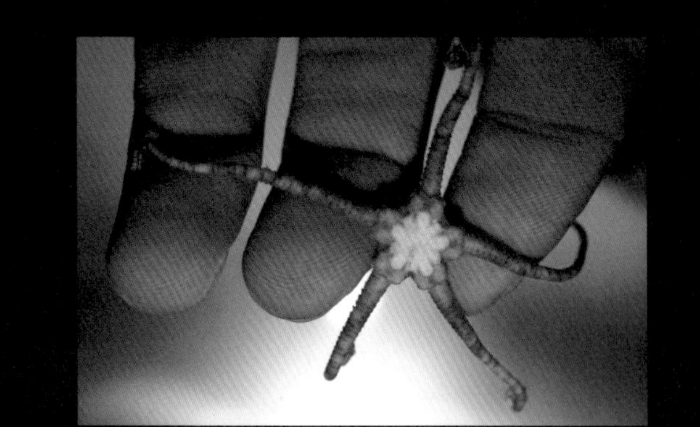

シンカイコシオリエビ属の一種

学　名：*Munidopsis latimana*

英　名：—

沖縄名：—

エビの仲間と勘違いされることが多いが、世の中には「コシオリエビ」という生き物が存在する。本種は、そのコシオリエビ類の中でも深い場所に棲むため、深海の名を冠する。一般にその存在が認知される機会は少なく、和名はまだ与えられていない。

ミカドウニ

学　名：*Goniocidaris mikado*

英　名：—

沖縄名：—

一般的なウニは針状のトゲを持つが、本種のトゲは上部が浅い皿状となる。この形状の正確な役割は分かっていないが、より広範囲に身を守る役割を果たしているのではと考えられている。

オキナハコエビ

学　名：*Linuparus sordidus*
英　名：Oriental spear lobster
沖縄名：―

沖縄の深海には、かつて赤い体色をしたハコエビのみが知られていた。しかし沖縄美ら海水族館の職員らによって、2003年に白い体色をしたハコエビの存在が明らかとなり、その体色があたかも老人のようであることから、「オキナハコエビ」の和名とともに、日本初記録種として報告された。

クラカケザメ

学　名：*Cirrhoscyllium japonicum*
英　名：Saddle carpetshark
沖縄名：—

1対のヒゲが喉元に生えている。水槽内では、このヒゲの先端を地面に接してじっとしていることが多い。味を感じる細胞などはないとされ、このヒゲの役割は未だ解明されていない。写真は、久米島の水深550mから採集された個体である。

ヒゲツノザメ

学　名：*Cirrhigaleus barbifer*
英　名：Mandarin dogfish
沖縄名：──

Mandarin dogfishの英名をもつサメ。1対のヒゲが清朝の官吏をイメージすることから名づけられたと思われる。世界でも西大西洋の限られた海域、特に日本とニュージーランド近海から報告されている稀種。

オオワニザメ

学　名：*Odontaspis ferox*
英　名：Smalltooth sand tiger
沖縄名：──

深海の稀種。体全体にまだら模様がみられ、鋭い歯と大きな眼が特徴的。記録も少なく、飼育例もほとんどないため、生態は明らかになっていない。

加圧水槽内を泳ぐオオワニザメ

ヒメカンテンナマコ

学　名：*Laetmogone maculata*

英　名：—

沖縄名：—

内臓が透けて見える半透明の体

内臓が透けて見える半透明の体をした深海性のナマコ。ROVを使い、水深388mの泥底より採集に成功した。刺激を与えることで、突起の先端や体表など、体の一部が発光する。捕獲した直後に見た、ROVのモニター越しの発光が特に美しく、強く脳裏に焼き付いている。

トワイライトゾーンの「発光・蛍光生物」

熱帯魚はなぜカラフルなのか？　という質問を受けることがある。難しい質問だが、南国の海に特有の高い透明度が関連することは間違いない。熱帯地域の浅い海では、太陽光はほとんど減衰することなく海底まで到達する。太陽光には様々な波長の光（色）が含まれていて、生き物たちは潤沢に供給される光の中から特定の波長の光を反射、あるいは吸収することで、鮮やかな色彩を身にまとうことができる。

しかし、深い海ではそうはいかない。水深が深くなるにつれ太陽光が海水に吸収され、どんどん減衰していくからだ。例えば水深200m。この水深帯には僅かに太陽光が到達するものの、その波長は海水に吸収されにくい青色光に限定される。いわば色彩のないモノトーンの世界となる。そのような光環境下にあっても、生き物たちはなんとかして色を作り出したいようだ。一部の生物は唯一供給される青色光をいったん吸収し、別の波長（色）に変換して再放出する能力を獲得した。これが生物蛍光と呼ばれる現象である。

さらに深く、水深600mになると太陽光がほとんど到達しない、暗黒の世界となる。すると、生物は太陽光に頼らず、化学反応により自ら光を作りだすようになる。これが生物発光と呼ばれる現象だ。

深海の生物が様々な工夫をこらして光、あるいは色を作り出そうとするのはなぜだろうか？　それは視覚的な情報を操作することが、彼らの生存に有利に働くからだ。例えば、私たちは「エソダマシ」という深海魚がオスとメスで異なる蛍光パターンを持つことを発見した（写真）。これは薄暗い海底での繁殖行動の成功率を高める可能性がある。また、「フジクジラ」という深海ザメの発光には「隠蔽」や「威嚇」といった多様な役割があると考えられている。

深海生物の持つ生物蛍光や生物発光の役割は、まだ多くが謎に包まれている。彼らの行動を野外で観察することは極めて難しく、研究の障壁となっているのだ。私たちの持つ深海生物の飼育技術は、この謎を解明するための糸口になるだろう。そして近い将来、数多くの発光・蛍光生物が沖縄美ら海水族館で飼育されることを信じて、私たちは日夜研究に励んでいる。

（宮本　圭）

蛍光するエソダマシのオス（左）とメス（右）。青い光をあてるとオスは全身が青緑色に蛍光するのに対し、メスはヒレと眼の一部のみが蛍光する。

およそ水深 500m～

ウスエイ

学　名：*Plesiobatis daviesi*
英　名：Deep-water stingray
沖縄名：──

深海の巨大エイ。胸ビレの縁辺を波打たせてゆっくりと泳ぐ様は、さながら円盤型UFOのようだ。同じく深海のエイであるムツエラエイと形態や生態が似ており、近縁な種と考えられている。西太平洋の深海に広く分布しているが、生態や繁殖については謎が多く、水族館での研究が期待されている。

孵化直後のイモリザメ

イモリザメの卵殻

イモリザメ

学　名：*Parmaturus pilosus*
英　名：Salamander shark
沖縄名：—

2010年の採集以来、長期飼育されている全長60cmほどの深海ザメ。大きな眼が特徴で、水槽内の照明にもとても敏感。卵生で1回に2個ずつ産卵する。真っ黒な卵殻は中が見えないため、定期的に超音波画像診断を行う。出産後約4か月で胚発生を確認し、約18か月後に孵化した。14cmほどの仔ザメが孵化した瞬間は非常に感動的であった。2012年にJAZA繁殖賞を受賞。

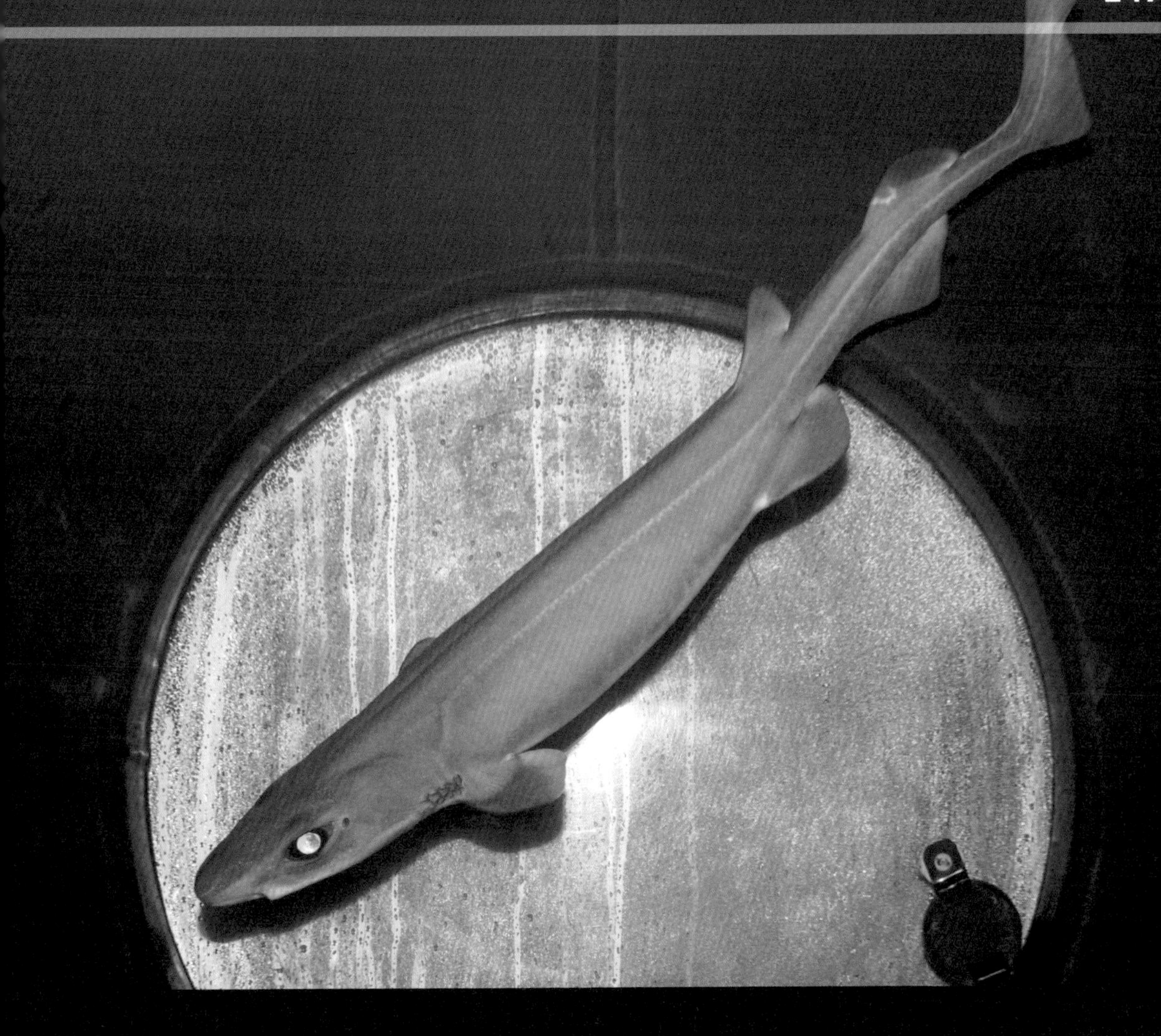

シンカイイモリザメ

学　名：*Parmaturus melanobranchus*
英　名：Blackgill catshark
沖縄名：—

外見上はイモリザメによく似ているが、実は全く異なる系統から進化した偽のイモリザメと考えられている。日本では沖縄周辺のみで報告されている「幻のサメ」で、生体の記録も写真の1個体のみである。
※本種の和名は、『サメ−海の王者たち−改訂版』（仲谷一宏/著、2016年）による。

オオホモラ

学　名：*Paromola japonica*
英　名：Japanese deepwater carrier crab
沖縄名：―

岩にしがみついているように見えるのは脱皮殻。甲らの後ろ側から殻の柔らかい本体が抜け出すように脱皮する。甲らが割れ始めてから脱ぎ終わるまで、2－3時間ほどかかった。脚の一部が自切により失われたり、欠損している状態でも、脱皮を経て再生する。

オオタルマワシ

学　名：*Phronima sedentaria*
英　名：Deep-sea pram bug
沖縄名：――

透明な体をした、全長2－3cmほどの甲殻類。海中を浮遊・遊泳し、サルパ（浮遊性のホヤの仲間）を見つけると襲い掛かり内臓を食べる。その後、内臓のあった空間に潜り込み、メスは卵を産み付け巣として利用する。内臓を食べられたサルパは生きており、孵化した子供の食料として利用される。その恐ろしい習性から、深海のエイリアンの異名を持つ。沖縄美ら海水族館での最長飼育記録は183日間。

オオタルマワシ（正面）

オオタルマワシ（横）

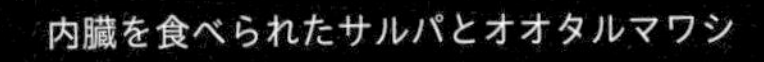

内臓を食べられたサルパとオオタルマワシ

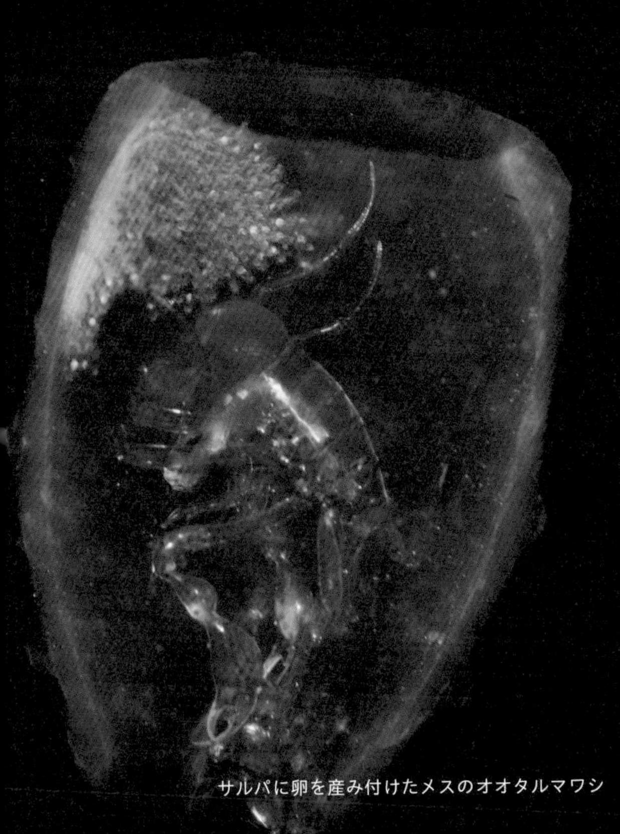

サルパに卵を産み付けたメスのオオタルマワシ

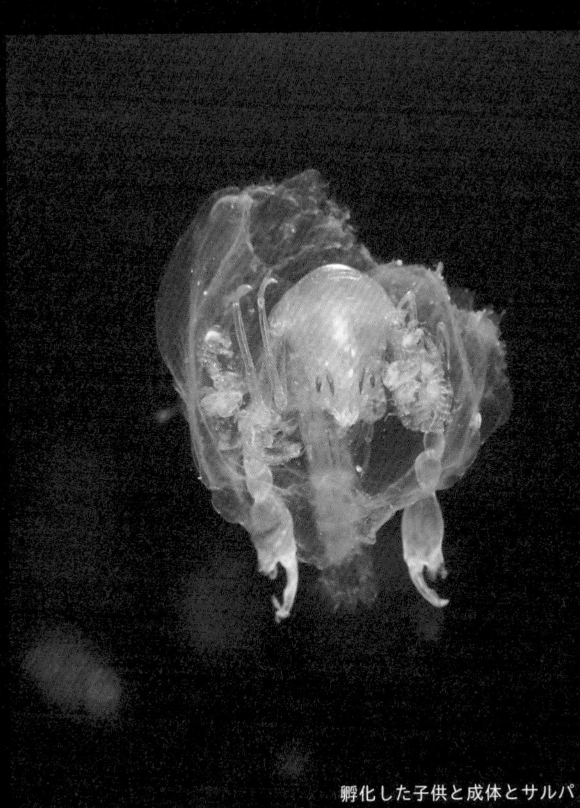

孵化した子供と成体とサルパ

クモエビ属の一種

学　名：*Uroptychus* sp.

英　名：—

沖縄名：—

人の目を惹くユニークな体形に、淡く美しい色彩をもつコシオリエビの仲間。だがしかし、甲の長さは1cmほどと小さく、かつサンゴの枝間に隠れる習性を持つため、その姿を見ることは容易くない。

イイジマオキヤドカリ

学　名：*Sympagurus dofleini*

英　名：──

沖縄名：──

濃淡に差のある橙色の体や軟毛に覆われたハサミ脚を持つ中型のヤドカリ。貝殻に付着したキンカライソギンチャクが作り出した「偽物」の貝殻を宿としており、この貝殻はヤドカリの成長に合わせてイソギンチャクにより拡張されていく。深海底には宿となる貝殻が少ないと考えられており、貝殻を成長させてくれるイソギンチャクは、手放すことのできないパートナーと言えるだろう。

オオグソクムシ

学　名：*Bathynomus doederleini*
英　名：Deep-sea giant isopod
沖縄名：—

海底に沈んだ生物の死骸などを食べる海の掃除屋。食いだめをするため、摂餌後は腹部が膨らむ様子が分かる。強靭な顎を持ち、過去にはサメ肌をも食いちぎる様子が確認された。海底に着底し砂に潜って休むことが多いが、扁平状の腹肢を団扇であおぐようにパタパタと動かし泳ぐこともある。腹肢は砂に潜る時に砂を除去する役割も持つ。

アシボソシンカイヤドカリ

学　名：*Parapagurus furici*

英　名：—

沖縄名：—

沖縄周辺では水深670−1000mの泥底に生息するが、沖縄美ら海水族館への搬入例は過去たった2例のみという稀少なヤドカリ。泥の中の有機物を主な餌としているため、軟毛に覆われたハサミ脚は泥で常に汚れている。貝殻ではなくスナギンチャクを宿にしており、脱皮により体が大きく成長してもスナギンチャクがヤドカリと共に成長するため、新たな宿を探す必要がない。

クモガゼ属の一種

学　名：*Aspidodiadema* sp.

英　名：—

沖縄名：—

緩やかな弧を描くように、下方に少したわんだ長いトゲを持つ。あまり動かずじっとしていることが多いが、体表付近に注目すると、ゴミを取り除くためなどに使う小さなピンセット状の器官「叉棘（さきょく）」をせわしなく動かしている。長いトゲをくぐり抜けた先に見える体表の細かな造形は、アートのような、はっと息をのむ美しさがある。

シマツノコシオリエビの成体

交接するシマツノコシオリエビのペア

(左・中) ゾエア幼生
(右) メガロパ幼生

シマツノコシオリエビ

学　名：*Eumunida balteipes*
英　名：Banded leg horned squat lobster
沖縄名：—

2019年に新種記載され、現状は久米島のみ記録がある。久米島にある沖縄県海洋深層水研究所の取水口（設置水深612m）より、海洋深層水とともに汲み上げられた。沖縄美ら海水族館で世界初の展示および10年に及ぶ長期飼育の末、本種の繁殖に成功した。ゾエア幼生から、ハサミ脚の長いメガロパ幼生へと変貌する様を見た時の感動は今でも忘れられない。

脱皮直後の稚コシオリエビ

稚コシオリエビ

ダイダイツノワラエビ

学　名：*Sternostylus investigatoris*
英　名：Orange-colored horned straw lobster
沖縄名：―

久米島にある、沖縄県海洋深層水研究所の取水口（水深612m）より海洋深層水と共に汲み上げられた。ツノワラエビ類はいずれも深海性で、その多くは刺胞動物（サンゴの仲間）に共生することが知られているが、本種の生態については明らかになっていない。沖縄美ら海水族館と島根大学エスチュアリー研究センターとの共同研究により、2019年に日本初記録種として報告した。

ミナミオーストンガニ

学　名：*Cyrtomaia micronesica*

英　名：—

沖縄名：—

久米島の水深600m付近から採集された、トゲが特徴の深海性のカニ。第1－3胸脚には鋭いトゲが多数生えており、身を守るのに役立つほか、獲物を捕らえる機能があると考えられる。腹部に卵を抱え、孵化するまで腹部を動かし新鮮な海水を送ったり、ハサミ脚で手入れする様子も観察された。砂の中に潜って休む際は、ある程度潜った後、ハサミ脚や歩脚を器用に使い、体に砂をかける。

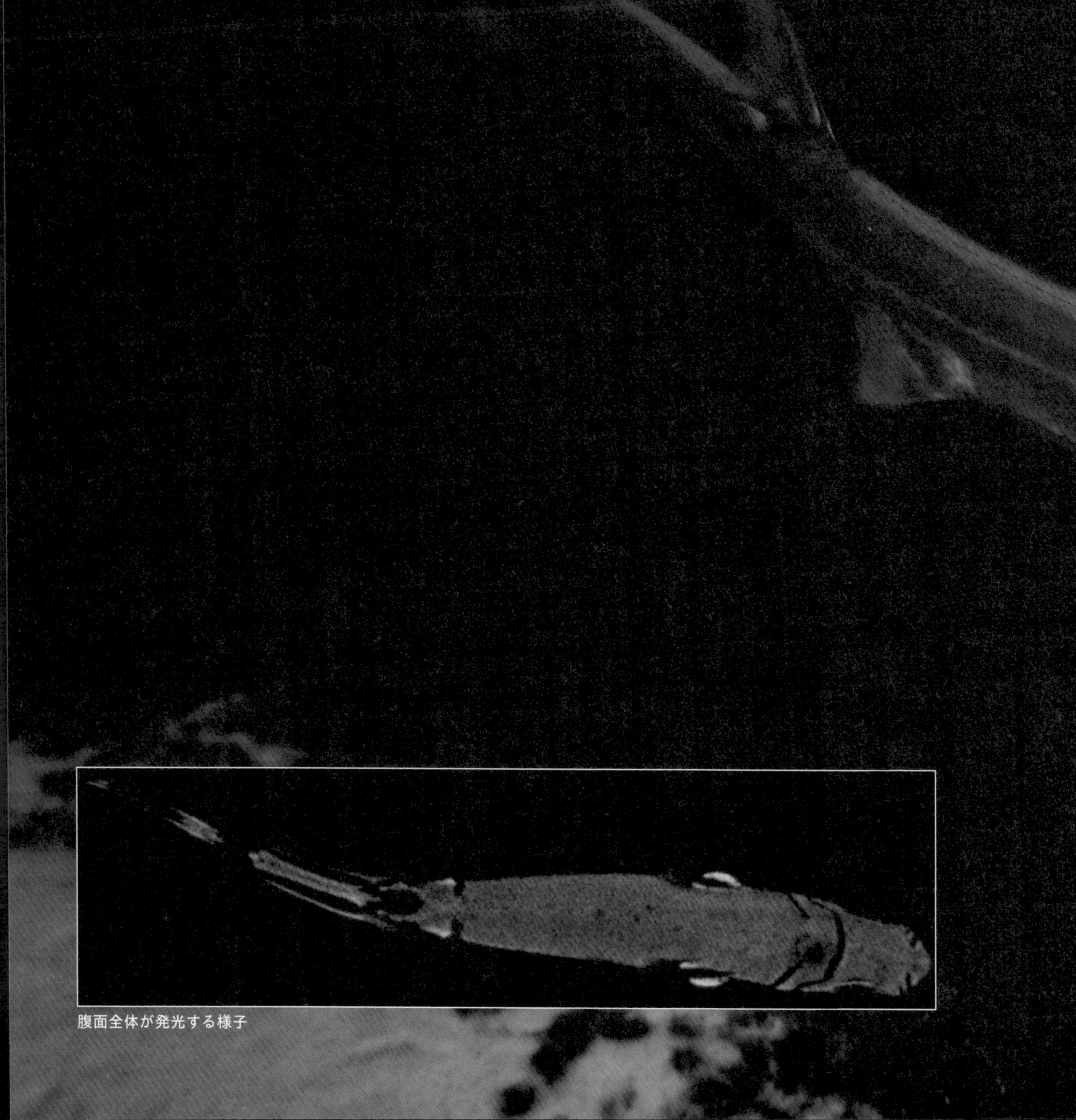

腹面全体が発光する様子

ヒレタカフジクジラ

学　名：*Etmopterus molleri*
英　名：Mollers lantern shark
沖縄名：──

体全体に無数の微細な発光器が散在し、ごく弱い青白い光を発する。古くはチャレンジャー号の探検にて光るサメとして記録されているが、沖縄美ら海水族館が撮影に成功する以前は実際に映像としての記録は存在しなかった。当館がベルギーのJérôme Mallefet博士らと研究を行った結果、この発光はカウンターイルミネーション（影を隠す効果）のほか、種間・雌雄の判別や威嚇効果など、様々な機能を有することが示唆されている。

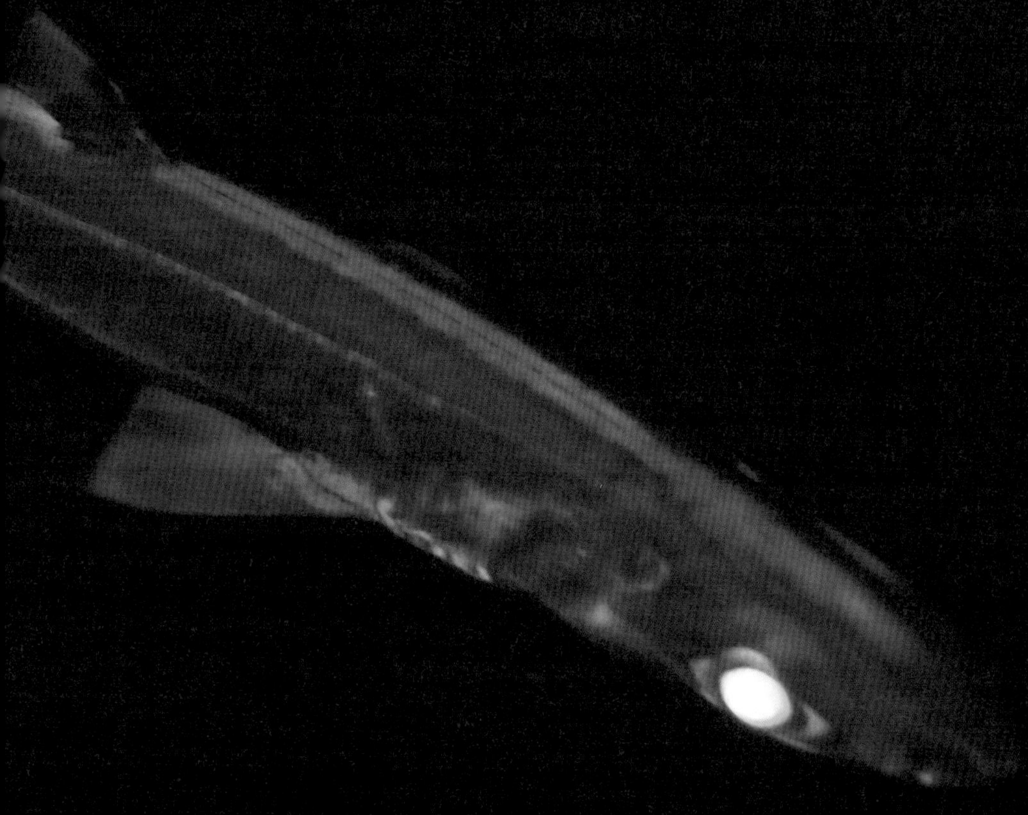

ヤリヘラザメ

学　名：*Apristurus herklotsi*
英　名：Longfin catshark
沖縄名：—

ヘラザメ属はサメで最も種数が多い属で、長くヘラ状の頭部が特徴。その中でも最も長いヘラをもつサメで、生きている姿を見ることは至難の業。加圧水槽の中では、スレンダーな体をヘビのようにくねらせて泳ぐ姿が観察された。沖縄美ら海水族館が最も飼育したいサメの一種である。

最先端！
サメの人工子宮装置の開発

2021年3月、沖縄美ら海水族館のバックヤードでは、深海ザメの一種「ヒレタカフジクジラ」が人工子宮装置から水槽内へと放たれた。これは、世界で初めての本格的な人工子宮装置によるサメ胎仔の長期育成に成功した瞬間であった。

サメは多様な繁殖様式をもち、サメ全体の過半数が胎生種である。過去には、親魚から取り出された胎仔（仔ザメ）を海水中で一定期間飼育した例も存在するが、多くのサメではそう上手くはいかない。私たちは、サメの繁殖生態と生理を研究する過程で、多様な繁殖様式を研究・理解しサメの希少種保全に資するため、人為的な育成装置である人工子宮装置に可能性を見出し、2017年から独自の開発プロジェクトがスタートした。

今回開発を進めている人工子宮装置は、多様な繁殖様式をもつサメ・エイ類等の早産や混獲による胎仔の保護に備え、沖縄美ら海水族館と沖縄美ら島財団総合研究センターが独自に開発した装置で、サメの子宮内の環境に近い状態を再現することができるものだ。特に、人工子宮装置内を満たす液体については、浸透圧の調整に消費されるエネルギーを抑えるため、サメの体液に多く含まれる尿素を多く配合した。そして、2020年10月29日、沖縄本島西岸の水深500m付近の海底から、メスの妊娠個体を一本釣りにより採集、親個体は収容後死亡したものの、その体内から全長約10cmの胎仔を採取し、沖縄美ら海水族館に設置された人工子宮装置にて人為的に育成を開始したのだった。

一般に、フジクジラの胎仔は、海水中において1日も生存できない。しかし、今回開発した人工子宮装置内の個体は順調に成長を続け、およそ5か月（146日）後、海水への馴致期間を経て無事に海水を満たした水槽内に放流された。この様子は、NHKニュースでも取り上げられ話題となった。現在でも、沖縄美ら海水族館では人工子宮装置による実験が継続して行われ、ヒレタカフジクジラの発生過程や発光器の機能の形成について、多くの知見が得られている。今後、深海ザメとして謎の多い本種の知られざる生態が解明されることになるだろう。

しかし、私たちの人工子宮プロジェクトのゴールは、更に遠い彼方にある。現在はせいぜい15cm程度の仔ザメしか収容できない装置だが、最終的にはホホジロザメのような大型種の研究や保全に寄与したいと真剣に考えている。そうなると、機械の大型化だけではなく、母ザメから胎仔に供給される大量の栄養物質の研究も行わねばならない。私たちの壮大な夢がかなう日がいつ訪れるのか、想像もできない話だが……必ず実現できると信じてやまない。（佐藤　圭一）

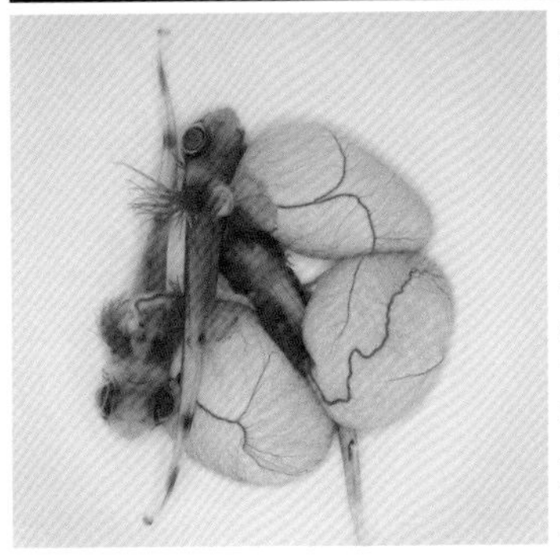

上／サメ博士の部屋に設置されているサメの「人工子宮装置」。中央に3つ並んでいるのが胎仔を収容する容器で、その中は海水と異なる「羊水」で満たされている。
下／人工子宮装置内に収容されている「ヒレタカフジクジラ」の胎仔。海水中では飼育できないが、人工子宮装置内では出産サイズまで長期間育成することに成功した。

あとがき

沖縄美ら海水族館は、1975年に開催された沖縄国際海洋博覧会の政府出展施設「海洋生物園」を源流として、2002年11月1日に全面リニューアルオープンした施設だ。海洋博当時、そして新たに沖縄美ら海水族館としてオープンした当時は、どちらの施設も"世界最大の屋内水槽"として注目を浴びた。また、そのスケールだけでなく、1980年にはジンベエザメ、1988年にはマンタの長期飼育に世界で初めて成功し、誰も考えなかった偉業を成し遂げてきた。

長年水族館を率いていた内田詮三館長（当時）は、「誰もやっていないなら自分たちで勉強してやるのが仕事だ」と有言実行を貫き、次の世代である私たちがその水族館の今を託されている。

沖縄美ら海水族館は、沖縄の海をサンゴ礁～黒潮（外洋）～深海に至るストーリーで来館者に紹介する教育普及施設である。同時に、海の自然史博物館としての役割、すなわち沖縄の海の現在・過去を調べ、記録し、後世を生きる世代に繋いでいくことが、我々に与えられた最大の責務であると考えている。水族館の入口付近に設けられた新種や初記録種のコーナーは、私たちが開館以来発見してきた生物種の一覧が展示してある。それらの多くが沖縄の海、特にトワイライトゾーンから採集されたものだ。私たち沖縄美ら海水族館のスタッフは、日々調査能力の向上を図り、深海からやってくる生物をありのままの姿で飼育・展示する努力を惜しまない。

本書は、ジンベエザメもマンタもいない、沖縄美ら海水族館の意外な一面を紹介する新たな試みだ。私たち裏側で活動する飼育者や研究員たちが、日ごろ海洋生物にどう向き合っているか、より多くの読者の皆様に知ってもらう、絶好の機会になると確信している。

本書を執筆するにあたり、多方面にわたる協力をいただいた沖縄美ら海水族館の飼育職員一同、沖縄美ら島財団の花城良廣理事長をはじめとする財団職員、およびこれまで長年にわたり水族館を支えて下さった全ての皆様に心より感謝申し上げる。

著者一同

著者一同：左から　宮本・中島・比嘉・佐藤・東地・高岡・金子（2023年３月撮影）

INDEX（五十音順）

【ア】

【カ】

【サ】

【タ】

【ナ】

【ハ】

【マ】

【ヤ】

【ラ】【ワ】

監修・執筆

佐藤圭一（Keiichi Sato）
1971年生、栃木県出身。一般財団法人沖縄美ら島財団・水族館統括　兼　総合研究センター　上席研究員・博士（水産学）・学芸員

執筆

金子篤史（Atsushi Kaneko）
1976年生、神奈川県出身。一般財団法人沖縄美ら島財団　水族館・深海展示係長

高岡博子（Hiroko Takaoka）
1984年生、愛媛県出身。一般財団法人沖縄美ら島財団　水族館・深海展示係主任・学芸員

東地拓生（Takuo Higashiji）
一般財団法人沖縄美ら島財団　水族館・深海展示係主任

宮本圭（Kei Miyamoto）
1984年生、徳島県出身。一般財団法人沖縄美ら島財団　総合研究センター・動物研究室主任研究員

比嘉俊輝（Toshiki Higa）
1992年生、沖縄県出身。一般財団法人沖縄美ら島財団　水族館・深海展示係

中島遥香（Haruka Nakajima）
一般財団法人沖縄美ら島財団　水族館・深海展示係技師・学芸員

写真提供：海洋博公園・沖縄美ら海水族館、一般財団法人沖縄美ら島財団
写真撮影：佐藤圭一・金子篤史・高岡博子・東地拓生・比嘉俊輝・中島遥香・諸田大海・添谷怜花・宮本圭・谷本都

美ら海トワイライトゾーン
知られざる深海生物のワンダーランド

2023年5月23日　第一刷発行

執筆・監修　佐藤圭一（一般財団法人沖縄美ら島財団）
執筆　沖縄美ら海水族館　深海展示チーム（一般財団法人沖縄美ら島財団）

ブックデザイン　松田行正、杉本聖士（マツダオフィス）
編集　福永恵子（産業編集センター）

発行　株式会社産業編集センター
〒112-0011 東京都文京区千石4-39-17
TEL03-5395-6133
FAX03-5395-5320

印刷・製本　株式会社シナノパブリッシングリンク

ISBN978-4-86311-366-4 C0045